TURING 图灵新知

厨房里的
化学家

他们为什么喜欢吃臭臭的东西?

LES PAPILLES DU
CHIMISTE:

SAVEURS ET PARFUMS EN CUISINE

［法］拉斐尔·奥蒙 (Raphaël Haumont) —— 著

朱炜 —— 译

U0265159

人民邮电出版社

北 京

图书在版编目（CIP）数据

厨房里的化学家：他们为什么喜欢吃臭臭的东西？/
（法）拉斐尔·奥蒙著；朱炜译. -- 北京：人民邮电出
版社，2024.8
（图灵新知）
ISBN 978-7-115-64475-6

Ⅰ.①厨… Ⅱ.①拉… ②朱… Ⅲ.①烹饪—应用化
学—普及读物 Ⅳ.①TS972.1-49

中国国家版本馆CIP数据核字(2024)第108150号

内 容 提 要

本书以化学和生物学为基础，不仅深入剖析了人类感官与香气、味道
之间的紧密联系，同时揭示了隐藏在厨房中的种种科学原理。作者联手星
级大厨，展现了味道和香气的巧妙搭配，带领我们探索美食中的奥秘，令
人垂涎欲滴。书中充满了生动有趣的科学知识，配有大量插图，使读者能够
更直观地理解和掌握化学知识。书后附有全彩创意菜谱，读者也可以亲自
动手，将所学的化学知识运用到烹饪实践中去，享受美食带来的无尽乐趣。

本书适合对化学、美食等话题感兴趣的读者阅读。

◆ 著　　　　 [法] 拉斐尔·奥蒙（Raphaël Haumont）
　 译　　　　 朱　炜
　 责任编辑　 赵晓蕊
　 责任印制　 胡　南

◆ 人民邮电出版社出版发行　 北京市丰台区成寿寺路11号
　 邮编　100164　　电子邮件　315@ptpress.com.cn
　 网址　https://www.ptpress.com.cn
　 三河市中晟雅豪印务有限公司印刷

◆ 开本：880×1230　1/32　　　 彩插：16
　 印张：5.25　　　　　　　　 2024年8月第1版
　 字数：135千字　　　　　　 2024年8月河北第1次印刷
　 著作权合同登记号　图字：01-2018-3480号

定价：59.80元
读者服务热线：(010) 84084456-6009　 印装质量热线：(010) 81055316
反盗版热线：(010) 81055315
广告经营许可证：京东市监广登字20170147号

序

闻起来香，吃起来呢？

　　我们应邀来到朋友家，门开了，一阵香味从厨房飘来。"闻起来真不错！我们要美餐一顿了！"我们递过花，礼貌地赞美道。花朵的香味令人心旷神怡，菜肴的气味实际上却惹人心烦。这并不是说，烤鸡的香味不会令人食指大动（事实恰恰相反），而是说，如果没有气味，食物吃起来或许味道会更好。这个道理矛盾吗？且听我慢慢道来。

奇妙的香味

　　食物的味道来源于烹饪过程中产生或释放的一类化学物质——香味分子。无论是专业厨师还是厨艺爱好者，烹饪时皆想达到两个目标：一是改变食材肌理以获得更好的口感，二是激发并调和食材的味道。如何改变食材肌理取决于食材的结构，在控制温度、压力和时间的同时，还需通过切割、混合等物理手段来实现。这个过程中发生的是物理变化。第二个目标则属于生物化学范畴，这就回到了我们关心的味道的问题上。当我们切割、烹煮食材时，分子从结构中四溢而出，到达我们的感觉器官，制造出"味道"。所谓"味道好"，其实就是足够多的"味道分子"在感觉器官的表层制造出了强电位差，并向大脑传送神经信号，我们的大脑就会构建出所吃食物的心理表象。这个过程并不需要很多分子，有时候，很少的分子便能触发识别信号。比如，阿斯巴甜是一种非糖化合物，但其甜度却是蔗糖甜度的 200 倍，换言之，它的反应阈值只有蔗糖的二百分之一，极少量的阿斯巴甜便足以产生"甜味"。再比如，二甲基硫是一种广泛存在于煮熟的卷心菜、甜菜、煮熟的芦笋和海鲜等食物中的分子，其特征气味非常难闻，当它大剂量存在时，短时间内便令人难以忍受。那么，何为大剂量呢？对于不同个体来说，分子的感知阈值为 0.02ppm 至 0.1ppm（ppm 表示百万分之一）。也就是说，所谓的"大剂量"其实也很微小，在吸入的 1000 万个分子中，只要有一个味道分子，就会让大脑勾勒出煮熟的卷心菜的形象，随即触发从腐烂的卷心菜到硫化物的联想，最终使人产生"呸！真恶心！"的反应。所以，如果你刚刚煮了卷心菜，可甭想瞒过别人！更为有趣的是，这个味道恶心的分子若与诸如乙醛、异丁醛、2- 甲基丁醛、异丁醇、2- 甲基 -1- 丁醛、2- 丁酮和丙醇等天然有机分子混合，竟会产生松露的美妙香味！在各自为政时，这些分子的气味都糟糕极了。但是，以合适的比例精妙地混合后，它们却神奇地形成了最高级的香味之一！这仍是浓度和阈值的把戏。松露、香草、咖啡……

任何一种香味其实都是数百种分子的组合，它们的丰富层次和精妙之处都来源于分子的组成与浓度上的细微差异。而"超级鼻子"和"金舌头"的厉害之处正在于他们能够正确分辨出这些微妙的化学变化。

前调和基调

　　还是回到我们的晚餐上来。尽管蜡烛飘香，却也掩盖不住客厅中漂浮的二甲基硫分子的味道。那么，菜肴会因此变得好闻吗？不会！我们之所以闻到卷心菜的气味，是因为"卷心菜分子"逃离了平底锅，散逸到整个房间。这一过程得以实现，全靠热运动：加热时，水汽化并带走香味。这也是每一位香水制造者所熟知的蒸馏法的原理。然而，这并不是香味在房间中扩散的唯一方式。在下文中，我们将会看到，分子的质量、挥发性和沸点决定了一部分分子极易飘散到房间里，而另一部分分子，即使经历了数小时的烹煮仍沉在锅底。我们可以将之与香水进行直观类比，推出厨房平底锅版的前调、中调和基调。我们之所以喷香水，是因为在体温条件（约37℃）下，这些对温度十分敏感的香味分子可以快速汽化，并"挑逗"附近其他人的嗅觉器官。这就构成了我们熟悉的"前调"。与之相反的是，那些更"重"的分子——即难以汽化的分子——留在锅底构成了"中调"和"基调"。

　　让我们继续烹饪的话题。平底锅香气逼人，也是基于同样的原因。受热后，"不稳定"的分子首先汽化，味道随着形成的烟雾四处弥漫。"香水"（parfum）一词意为"像烟雾一样穿行"（在拉丁语中，per 表示透过，fumare 表示烟雾）。令人感伤的是，这些"厨房前调"通常都是花朵或其他植物的清新香气。换言之，由于这些美妙的香味已经散逸到了房间里，你永远也不能品尝到它们的滋味，最多只能吸一吸它们的芬芳。柠檬皮中含有的柠檬烯分子在约 46℃时汽化，这个温度被称为它的"闪点"。其他一些分子在温度不高时便可汽化。比如，巴旦杏、烤面包和桶酿白葡萄酒气味中的糠醛分子于 60℃汽化，叶绿素、割下的草、草坪气

味中存在的顺 -3- 己烯醇（即叶醇）

分子于 44℃汽化。基于这些数据，如果把柠檬皮煮沸，把葡萄酒点燃，或在火锅开煮之初便放入香草，最后会得到什么呢？无疑没什么能吃的！一杯煮沸的果汁或蔬菜汁——尤其是橙汁——堪称味觉（以及视觉）灾难！由此看来，那条"在烹饪结束、装盘上菜的时候再放诸如欧芹、香菜或香叶芹的香料碎"的厨房建议甚为合理。

　　与前调相反，厨房版"中调"和"基调"由受热稳定的分子构成。百里酚、香兰素、丁香酚、α - 蒎烯和萜品烯就位列其中，它们以不同比例分别存在于丁香、月桂和孜然里。因此，在煮沸的牛奶中加入香草荚是合理的做法；同样，熬煮香喷喷的浓汤时，若想使汤的味道达到最佳，最好一开始便放入百里香、月桂和丁香。再比如，威士忌内酯是木头、椰子、泥土和皮革的气味来源。由于

其沸点高达93℃～94℃，这种分子会在酱汁的单宁中留滞不去，构成其"基调"。

厨房中的创新

读完这本书，你将理解食谱背后的科学原理，并不时思考、优化烹饪方法以最大程度保留食材风味。但是，你要不要更进一步，畅想未来厨具的模样？在法国烹饪创新中心（CFIC，巴黎南大学），我们联合大厨提耶里·马克斯（Thierry Marx），探索了未来烹饪的新模式。作为我们的研究成果，本书将向你展示其中最具创新性的研究课题。下面便是两例。

> "烹饪的科学研究与艺术发展，一度与香水并驾齐驱，也曾遭遇同样的萧条处境。但如今，法国在这个领域已取得巨大飞跃，其进步有目共睹。"
>
> ——《餐桌上的心理学》，奥古斯丁·德·克罗兹
> （Augustin de Croze）

首先是分馏烹饪法。先分离出的蒸汽在管中冷凝，汇入密封的盖子中。如此分离得到的液体香气浓郁，可在烹饪结束、装盘上菜之时滴入菜肴中，能让煮熟后入口即化的蔬菜和水果重获美妙的"生、鲜"滋味。不妨想象一下：一根化于舌尖的胡萝卜，尝起来却如同刚刚切开般新鲜；一块梨馅饼，却散发着新鲜采摘的梨的芬芳。这个创新方向大有前景，并且易于实现！

　　另一个研究思路则是充分发挥低温的作用。几个世纪以来，加热一直是我们提炼味道和浓缩酱汁的主要方式。而现在，我们将反"前"道而行之，依靠低温探索新的做法：

- 低温浓缩法是一种取代加热实现汤汁（蔬菜汁、果汁、鸡汁）浓缩的创新方式；
- 低温蒸馏法是一种我们正在探索的技术，可通过低温实现不同产品的分离；
- 冷冻干燥法也是浓缩味道的一种途径……

　　初步结果令人鼓舞：获得的产品没有实验室的味道，这样就很好！

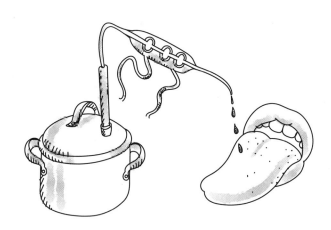

　　朋友们，请原谅我：我永远乐意与你们共进晚餐！

目录

第 1 章　闻着香，味道好 ················· 1

感觉的激发 ······························· 2

鼻子中的嗅觉 ······························ 6

品尝味道 ································· 18

第 2 章　萦绕于心的前调 ················· 59

烹饪香水学 ······························· 60

香水还是香料？化学家有话要说 ················ 67

如何将感受量化 ···························· 72

糟糕的室内香氛 ···························· 81

通用的描述 ······························· 83

第 3 章　增强、激发、调和……开启无限可能 ······· 89

精选食材 ································· 90

创造火热的新味道 ··························· 94

组合与调味 ······························· 117

第 4 章　肌理和时间的味道 ·················· **125**

　　肌理与味道················· 126

　　时间的味道················· 136

参考文献 ·················· **154**

第1章

闻着香，味道好

在这一章中，我们将共同探索情绪中的化学和快感里的科学。生活中的各种快感其实来源于一系列美妙却复杂的物理反应、电化学反应和生化反应，味觉快感也是如此。我们还将进一步追问：如果科学可以解释各种感觉产生的原理，那么它能否让我们享受到更多口腹之快呢？

感觉的激发

享用一份菜肴调用的远不止味觉。从生理学角度看,这一过程涉及五种感觉。更有甚者,心理学——生理学范畴之外的第六感——也会参与其中:个人经历、爱听的故事、想象的画面、就餐时的情绪、对快感的追求,都会影响品尝到的滋味。大厨提耶里·马克斯曾做出公允的评价:"美食的世界充满幻想。"无论何种佳肴都不能与出自祖母之手的苹果馅饼媲美;若我们目睹厨师采摘原料的过程,也定会觉得他做出的菜肴更具田园风味、更为货真价实……可实际上,一些人的祖母脾气暴躁无比;镜头之外的许多厨师则压根没亲自上阵,而是在批发市场或通过网络来采办食材;手法炫酷的调酒师调出的酒未必好喝……即便如此,幻想赋予食物的光环依然令人难以抗拒。我们热衷于探寻食物背后的故事,并醉心其中。如此一来,美食成了一件越来越概念化的事情。这样最好不过了!

此外,吃东西是一个食物进入身体深处的过程。不同于听和看,吞咽不是完全被动的动作。味觉是一种特殊的感觉,甚至还会受到我们对厨师信任程度的影响——他们提供的食物既可能让人难以下咽,也可能令人心醉神迷。如果说,视觉、听觉和触觉依靠(生物)物理范畴的光波、声波和机械压力来发挥作用,那么味觉和嗅觉的原理就属于（生物）化学领域。事实上，我们感受到的刺激来源于那些功能和空间分布可被嗅觉器官和味觉器官解析的分子。面对这些感官带来的纷繁情绪和由此产生的快感，物理化学家只能从学科角度进行解读。当然，无论是直观理解还是深究其意，化学都在烹饪领域占有重要的一席之地。可实际上，食物并不只是味觉游戏，它激发了五种感觉。

一道菜被端盘上桌，首先刺激的便是**视觉**：亚光粉末吊人胃口，肉的粉红色泽暗示柔嫩质地，层叠结构保证酥脆口感。烹饪者制造视觉幻象以迷惑宾客：将菜肴放置在钟形罩下，为就餐过程加上"探索发现"的一环（不过此举乃双刃剑，也会放大糟糕食物导致的失望感）；在桌上或桌底放映图片或影片；在品尝食物时改变屋内亮度。因此，那些完全置身于黑暗之中的"**盲人餐厅**"只能是概念性的，我们或许会出于好奇前去体验一次，但绝不会将它作为日常就餐选择。我们首先是用眼睛来享用食物的："我用眼睛吃了你"①（Je te mange des yeux）就是个理想的开端……

其次是**触觉**。我们通过指尖，或是取用、切割食物的刀叉和筷子，感受第一块即将入口的食物传来的阻尼感。紧接着，食物与牙齿碰撞，在舌尖翻腾跳跃，与两腮摩擦，在味蕾上绽放，勾勒出食材的肌理。最后一刻撒下的盐之花是点睛之笔：除了增加咸味，还提供了微妙的松脆口感。莫顿牌海盐的晶莹薄片和盖朗德的盐之花备受青睐并非没有理由：它们既有独特的味道，又能带来别致的口感。

---

① 比喻热切的目光。——译者注

延展性、阻尼感、韧性、弹性、黏性……通过这些流变学参数，食客得以感知食物的质地，品味食物的肌理。别忘了，触觉是人类最为发达的感觉之一。厨师应该充分发挥这一感觉的作用，创造更丰富的情绪。

从嘴巴到皮肤

一个有趣的小知识：特定种类的果胶会产生果冻难以媲美的丝滑、细腻的口感。我们和大厨提耶里·马克斯共同研发了一种即食无糖果酱。如今，化妆品领域为寻求创新，也掌握了这种配方，制造出了具有美妙质地的面霜，让肌肤触感焕然一新。

到咀嚼这一步，就是**听觉**大显神通的时候了：松脆或柔软，粗糙或细嫩，强颗粒感或顺滑……于是，口腔成了共鸣箱。薯片的咀嚼声决定了薯片的品质：如果没什么声音，说明薯片不够脆，也就进一步说明它的质量堪忧。巧克力脆块也应该一咬即断。听觉还会影响食客对食物质地的判断。英国大厨赫斯顿·布卢门撒尔（Heston Blumenthal）曾向客人提出建议，在品尝千层酥时听玻璃破碎的声音，或就着涛声享用以牡蛎为基底的菜肴。如此一来，千层酥的松脆感或菜肴的海味会被放大十倍。虽然未必有数据支持，但经验告诉我们，听觉可能也决定了我们最终品尝到的味道。

吃起来响的薯片味更好

　　"美食物理家"查尔斯·斯彭斯（Charles Spence）的这项研究成果，在 2008 年为他赢得了搞笑诺贝尔奖，这个奖项专门用来嘉奖不走寻常路、无现实意义却引人深思的研究项目。他的研究表明，如果选择了恰当的背景音，相同薯片的美味程度最多可提高 15%。这项关于感知的研究，也解开了一个围绕番茄汁的谜团：为什么这个在陆地上几乎无人问津的饮料，在飞机上却变成了热门的选择。奇怪吗？这是因为，在噪声达到 80 分贝以上的嘈杂环境中（比如飞机上），我们难以品鉴温和的味道，却会对咸味和鲜味更为敏感——番茄汁恰好就是这两种味道的结合！这项研究还解释了为什么必须调整宇航员的食物，使其适合空间站的嘈杂环境（昼夜连续背景噪声约为 70 分贝）。富含鲜味的食物是提高风味的首选，但要避免食用盐，因为宇航员的营养师会密切监测他们体内的钠含量。

　　最后两种感觉就是本书的核心话题——**嗅觉**和**味觉**。一切都指向这个无须赘言的结论：烹饪涉及的可远不止味觉！

鼻子中的嗅觉

香味和气味

香味指芳香植物散发的气味。然而，我们已知的香味并非全部来自这类植物。于是，广义的香味指代能够产生或改变味道和气味的全部物质。

气味是食物散发的分子全集。我们有两种方式感知这些分子的存在：一是通过鼻子，二是通过咀嚼过程中的鼻后嗅觉。若用器官来类比，那么菜肴和红酒的"鼻子"（气味）是菜肴或液体上方由数千种挥发性分子组成的平衡态。它们的浓度，或者说单位体积空气中的分子数量，决定了味道的浓度。在香水的配方中，我们称其为"剂量"。这个浓度需要高于感知阈值，才能触发嗅觉反应。

近期研究领域

嗅觉感受器位于鼻黏膜中，被激发后产生嗅觉反应。气味分子首先通过鼻腔到达面积约 $5cm^2$ 的黏膜（嗅上皮区域），接着进入内含感受器的嗅球——事实上，嗅球位属脑部区域。直到 1991 年，这些本质上属于蛋白质的感受器才得以确认。这项发现在 2004 年为琳达·巴克（Linda Buck）和理查德·阿克塞尔（Richard Axel）赢得了诺贝尔生理学或医学奖。

"酒鼻子"

"酒鼻子"是一种品酒鉴赏工具，能够对葡萄酒气味强度进行定性描述。香气散逸在空气中，并通过对流四处弥漫。

对流指流体各部分因温度和密度不同而产生的相对流动，其中包括热对流和化学对流。前者的发生主要取决于葡萄酒与周围空气的温度差，而在后者中，分子由高浓度向低浓度转移，最终达到浓度的均衡。因此，"酒鼻子"间接体现了葡萄酒上方的气体平衡态中香味分子的浓度。侍酒师们使用下列不同术语对其进行描述。

逝香型：晃动酒体之后，香味依然难以察觉；几乎没有酒香。

微香型：摇晃酒体之后，可以察觉香味，但难以准确判断香气类型。

淡香型：初闻便能嗅得酒香，摇晃酒体后香味变浓。

现香型：无须摇晃酒体，香味就清晰可辨。我们称这样的葡萄酒"富有表现力"。

芳香型：酒香存在，清晰可辨。

浓香型：酒香浓郁持久。杯中的空气也染上了香味。同时，酒杯的形状也会影响最终品尝到的味道。空气和酒液中的分子平衡分布。品酒时，由于蕴含香味分子的空气被不断吸入，整体感受也随之变化。

> 馥郁香型：香气非常强烈（更准确地说，浓度很高），房间里（至少酒瓶周围）的空气都氤氲着酒香。无须嗅闻杯中酒，便能识别酒的品类。由花香浓郁的琼瑶浆，或是朗格多克、波尔图老城和赫雷斯的晚收葡萄酿出的酒皆属此类。

和味觉感受器类似，嗅觉感受器也是通过与气味分子发生反应，从而检测气味类型。其作用原理与锁钥相仿：钥匙插入锁孔，进而打开对应的那扇门；这些感受器则识别气味分子的电荷、体积和空间结构。如果识别成功，细胞将把生物化学刺激转化为神经信号（电信号），在这样的转化过程中实现信息的传递。接着，锁开了，嗅觉区开始分析所接收的信息。

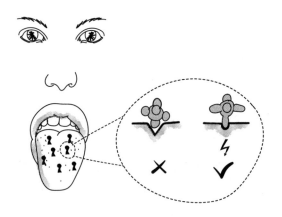

直到 2015 年，一篇刊登于著名的《科学》（Science）杂志上的文章才将人体可识别的味道增加到了一万亿种。换言之，鼻子似乎

成了堪比眼睛、耳朵的重要器官。眼睛可识别 200 万至 700 万种颜色，耳朵可辨别大约 34 万种声音。大多数人只拥有 3 种视锥细胞，而对应嗅觉的基因却足有约 400 种！如此安排的理由我们尚不知晓，但鼻子显然不可被忽视。矛盾的是，嗅觉一直被视作次要感觉。听力和视力测试是体检中的常规项目，但直至今天，针对嗅觉和味觉的检查依然寥寥。无须进行社会学意义上的深度辨析：看和听被视作有教养的人类的行为，只有猪狗才会嗅来嗅去。伟大的歌剧和杰出的画作震撼人心，但嗅觉艺术作品尚在何方？然而，我们的生理构造明明让我们具备了用嗅觉体验情绪的能力。

　　除了审美之外，嗅觉还参与维持我们身体的平衡与健康。动物依靠嗅觉系统进行导航和寻找配偶，通过传递压力向族群警示危险。同时，它们还能通过嗅觉感知疾病与死亡的气息，从而逃离这些威胁。如今，在啮齿类动物和狗身上进行的实验显示，仅通过嗅闻人类患者的尿液，它们或许就能识别出前列腺癌。人们针对肺癌和乳腺癌也进行了类似实验，都得到了颇为可信的结论。精神类疾病同样可被识别。癌细胞和发生其他病变的细胞会释放出特殊的气味。未来，气味分析或许会取代验血和诸如核磁共振之类麻烦且昂贵的检查，成为一种更为快速、高效的疾病检测方式。"电子鼻"正处于研发之中，但现阶段的可靠程度尚不及训练有素的动物。

欲望中的化学

　　和动物一样，人类也可以通过气味传递信息，且能达到超乎想象的程度。每个个体都拥有独特的印记，这是一种由约 400 个分子构成的身体气味，是即使洗了澡、喷洒了香水甚至剧烈跑步也无法遮掩的特有基调。你的狗一下子就能认出主人。"我追随着你的气息"（Je te suis à la trace）的字面之外另有深意。哺乳期的婴儿即使目不能视，也能通过气味找到自己的母亲，反之也依然成立①。

我们能够释放并识别表达恐惧或压力的化学信号。佩·雷吉娜（Pee Régine）、哈特·汉斯（Hatt Hans）和李·卡罗琳（Lee Caroline）在候诊室、电影院和游乐园分别进行了实验。在不同的情境中，汗液的成分各不相同。对其他病人来说，这些样品闻起来不一样，恐惧能够通过嗅觉识别出来。实验室里开展的另一些实验表明，人与人之间的吸引力也是一种典型的气味游戏：个体之间的爱情既是"玄学"也是化学……经验显示，即将进入排卵期的女性更容易被浓烈的男性气味吸引，比如雄酮和汗液的味道。为了找到生殖能力强健的伴侣，并保证基因多样性最大化，她们对气味与自己迥异的男性最为敏感。而排卵结束后，同一位女性却更易倾心于体味温和、与自己相近的男性，因为这样的气味塑造的是家庭和睦、让人安心的好父亲形象。男性对女性的气味同样敏感，比如头皮和皮肤的味道，或交配信息素和丁酸的气味。在生理周期的不同阶段，分泌物的化学成分发生改变，两性间的感觉也根据激素的变化在吸引和排斥之间摇摆。实际上，失认症患者通常也会对人际交往失去兴趣。共同生活数年后，"闻不到的伴侣"一词，真是说尽了个中滋味。老板"把你放在鼻子里"②，也是个糟糕的信号……

---

① 佩·雷吉娜、哈特·汉斯和李·卡罗琳。

② 意为不喜欢某人。——译者注

那些让我们恶心、厌烦的事物，在另一个情境或其他阶段却或许极具吸引力，让人心旌摇曳不已。许多香水使用动物腺体分子作为配料，比如，麝香或麝猫肛周腺分泌的粪臭素（即 3-甲基吲哚）。正如微量激素就能控制动物行为，极少量麝香便足以使人沉醉……

情迷松露

若是让一位调香师形容松露的味道，他会告诉你，这种蘑菇的第二层味道像粪便中的粪臭素和吲哚，还像雄激素中的雄甾烯醇。即使这是世界公认的珍馐，松露的强烈气味也让一部分人——尤其是一部分男性感到不适。他们在潜意识中联想到了男性竞争者吗？不过，正是因为母猪在寻找"白猪王子"的过程中，嗅探到了松露释放出的浓郁的雄性发情气味，我们才能在橡树下觅得这"黑色黄金"的踪迹！

被市场营销"牵着鼻子走"

有别于视觉和听觉，嗅觉是一种非选择性感觉。在纷繁的视界里，你可以选择只看感兴趣的事物。在嘈杂的环境中，你也可以集中精神只听一段对话。然而，嗅觉是被动的：一切气味都被无差别地吸入，并由感官加以分析。

于是，嗅觉营销便成了顺理成章的事，并已经取得了科学性的进展。食物的味道或引人垂涎，或惹人反感，它们影响着我们的行为。超市的空气中总是弥漫着新鲜出炉的面包的香味。客人们闻着香，感觉好，便会在超市花更长时间，更愿意购买那些"自制"产品。大酒店的香氛是经过精心选择的；一些理发店或服装店也会雇用香氛师，打造既能提高客户黏度也能吸引目标人群的气味。

这个领域内的蓬勃发展，多亏了气味和情绪之间的紧密联系。比如，巧克力的气味会让你瞬间产生难以抑制的渴望。广告商们早就在你之前明白这个道理啦！

 集体无意识和嗅觉无意识

我们对"好味道"孜孜以求，可能是因为我们渴望隐藏自身由于消化、流汗、生病等生理活动而散发的体味，并借此暂时忘记"凡人终有一死"的残酷事实。乳香、缟玛瑙、波斯树脂、香桃木……这些"圣洁的味道"让人联想到神圣与纯洁之物。反之，在人们的印象中，地狱和魔鬼则散发着硫黄和火焰的气味，闻起来糟糕极了。

爱上抱子甘蓝

从生物学角度来看，人们依靠情绪来认识并识别气味。因此，对某种气味或味道的认知，很大程度上取决于初体验时的情感状态。如果你第一次品尝抱子甘蓝是在一家嘈杂的餐厅里，碰上了手艺不好的厨师，吃的是冷藏过的抱子甘蓝，身旁的伴侣还在喋喋不休地抱怨你，那么想必你不会喜欢它的味道。但若置身于平静的就餐环境，你没准儿会觉得抱子甘蓝的气味没那么糟糕，甚至还挺不错。与其说是气味本身，不如说是那个时刻、那段记忆创造出了情绪。在盲眼测试中，一些本该容易分辨的气味，比如柠檬和胡萝卜，却难以辨别。这是因为，在识别气味分子之前，人们需要唤起隐藏在潜意识中的相关回忆。

> "香水中存放着最为浓厚的回忆。"
>
> ——让－保罗·娇兰（Jean-Paul Guerlain）

一些陷入昏迷的病人最终被童年的气味唤醒。由于嗅觉区的激活能唤醒大脑中与记忆有关的区域，因此，那些气味成为大脑特定区域的专属入口。"金鼻子"调香师、最佳侍酒师和顶级大厨都要通过持之以恒的训练，不断学习新的气味，刷新认知的边界。新手侍酒师最初需要记住 150 种分子，调香师或味道专家通常则要和 1000 种香味打交道。核磁共振的图像显示，调香师大脑中嗅觉区的灰质随着年龄的增长不断增多。通过长期的训练，他们练就了越来越强的识香能力。在这个循序渐进的学习过程中，他们首先需要学习香型，比如花香、动物香、植物香等；接着要学习香调，比如蒜香、蘑菇香、青草香等；最后是对象，细化到大蒜、洋葱、韭葱、灌木、霉菌、苔藓、干草、割下的青草……我们常用香味轮对各种气味进行分类。专业人士甚至会学习每种对象的特征分子。比如，柠檬酸对

应刺激性酸味,顺 −3− 己烯醇是割下的青草气味,而 1− 辛烯 −3−
醇对应的则是"蘑菇"味……

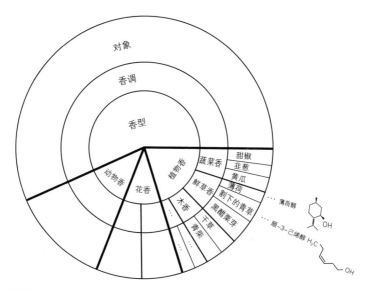

香味轮由一系列同心圆构成,从里到外依次代表着香型、香调和对象。离圆心越远,香味的描述越具体、越细节化,最终与特征分子一一对应

　　每个人的鼻子都是独一无二的,因此,学习气味也得和个人的
嗅觉图像结合起来。正因为如此,嗅觉感受难以与外人道。如同我
们先前提及的孢子甘蓝的例子,感知气味不是学习外语,不能生搬
硬套地对死记硬背的词语进行分类。气味中存放着回忆,要和当时
的情感状态联系起来。这一点对于味觉同样适用。数十年后,是气
味或味道唤起了过往的记忆。法国作家马塞尔·普鲁斯特(Marcel
Proust)在小说《追忆似水年华》中回忆在贡布雷的莱奥妮姨妈家的

时光时写道："只有（浸泡在茶水中的玛德琳蛋糕的）气味和滋味长
存，它们如同灵魂，孤独、脆弱，却更有活力，更加虚幻，更能持
久，更为忠实，它们在回忆、等待、期望，在其他一切事物的废墟
上，在它们几乎不可触知的小水珠上，不屈不挠地负载着记忆的宏
伟大厦。"

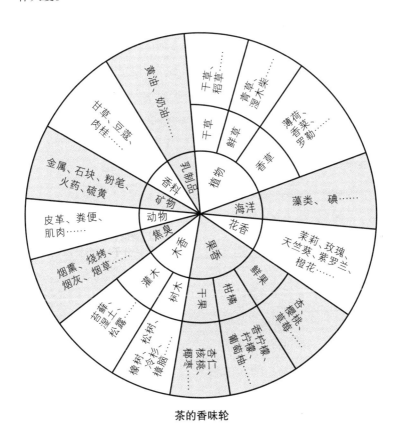

茶的香味轮

香水、蜂蜜、面包、咖啡……不同产品对应的香味轮各不相同，指代的对象却是一致的。依靠这些通用的化学对象，侍酒师、调香师和味道专家构建了一个通用的语言体系，既可以刻画酒香，也可以描述凝香体（一种半固体的混合物，用溶剂萃取植物材料而来，之后再用酒精进一步萃取，得到原精），还可以形容酱汁的味道。气味仿佛汉字，学习时把每一个字（分子）和一个故事或一段个人的记忆联系起来，才能高效地记住每一个词语。调制新的香水、配置新口味的酱汁，首先要做的便是调用私人数据库中的元素。置身气味大师们的作品中，你仿佛回到了家庭农场、野外海滩，闻到了童年时代的芬芳，想起了第一次吃抱子甘蓝的滋味……

鼻后嗅觉

咀嚼时，气味经鼻后通路上升，并再一次到达嗅觉器官。其中大部分分子和先前由鼻前通路抵达的分子相同，但它们在口腔中受热汽化，扩散至咽喉深处，并上升进入鼻腔。如此，鼻后嗅觉构成了近 80% 的食物味道[1]。吃东西时，若脱离一切其他感觉——在黑暗中，捂住鼻子不出

---

① 品尝食物时的全部感觉。

声地咀嚼——那么最终品尝到的味道，和通过鼻后通路感受到的味道大致相同。上一次感冒时，你是不是吃什么都食之无味，并且难以分辨不同的食物？那些因嗅觉缺失症而部分或完全丧失嗅觉的人会日益消瘦，因为他们不再能体会到吃东西的乐趣。由于嗅觉参与构建我们身体的平衡状态，许多罹患嗅觉疾病的人甚至会陷入抑郁。

零重力下的气味

一瓶处于失重状态的特级红酒，味道会发生改变吗？答案是肯定的！零重力状态下不存在对流现象，热空气不会上升，冷空气也不会下沉，不同密度的物质混沌一团，一切都停滞着、漂浮着。同时，自然的对流运动也不复存在。这就意味着，香味分子不再具有挥发性。失重状态下的芥末再也不呛鼻子啦！宇航员似乎也失去了嗅觉（嗅觉缺失症），食物寡淡无味。更确切地说，某些灵敏度阈值发生了变化，因此味道也发生了变化。提耶里·马克斯为法国宇航员托马·佩斯凯（Thomas Pesquet）的太空任务（欧洲空间局国际空间站）做了一系列烹饪准备工作，其间遇到不少挑战。为宇航员准备的食物中必须添加香料，以弥补在太空中消失殆尽的风味。

"嗅觉和味觉两位一体，构成同一种感官。其中，嘴是实验室，鼻子是实验室的烟囱。"

——《味觉生理学》，让·安泰尔姆·布里亚－萨瓦兰

（Jean Anthelme Brillat-Savarin）

品尝味道

食物的味道不是一项内在属性，它也是关系的产物。在科学的帮助下，我们了解了味道的产生机制，明白了尝到某种味道而非另一种味道的原因，还确定了味觉刺激的感知阈值。但是，若想探知味觉背后的全部奥秘，科学还远远不够。来自科学的理性数据还需联合我们整体的感知系统，将情绪、历史、文化等各种因素纳入考量，才能全面地描述这一概念。法国人爱吃蜗牛，英国人喜欢就着薄荷冻享用羊羔肉，日本小孩常在幼儿园里吃用酱油调味的"便当"……这无关个人口味，而是文化使然。

从生物化学角度来看，广义的食物味道来自被嘴巴感知的分子。它们既可能在进入口腔的时刻就被察觉，也可能在被咀嚼后才释放出来。覆盖在舌头表面的味觉感受器超过 50 万个。它们聚合形成味蕾，半数分布在舌头四周的菌状乳头和位于舌根的轮廓乳头上。丝状乳头位于舌头中部，主要负责吸附口水和食物残渣，属于触觉感受器。

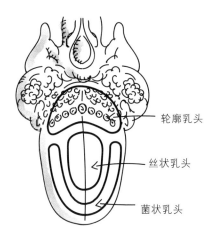

　　　　　　　　　　　　　　　轮廓乳头

　　　　　　　　　　　　　　　丝状乳头

　　　　　　　　　　　　　　　菌状乳头

　　"味道分子"接触感觉器官后，产生神经冲动，后者经由迷走神经、舌咽神经和鼓索流向大脑。这些神经纤维将分子携带的信息转化为电信号，这个过程在一定意义上可以被视为味道的编码。同时，它们还可以感知并转录冷、热、涩感（后者表现为组织收缩的物理作用）。此外，一个细胞可以感知多种刺激（苦、酸……），并转化为不同强度的电信号。电信号被大脑解析后，得到的全部信息构成了我们嘴巴中品尝到的食物滋味。

　　"味道分子"的识别得满足下面两个条件：一方面，分子可溶解；另一方面，分子与感受器兼容。尤其在吞咽和消化的过程中，它们会和味蕾与喉咙深处的传感器反应。消化前，有一点还需注意：感受器对于苦味和酸味尤为敏感。奎宁是汤力水中苦味的来源，它的感知阈值小于 1ppm，也就是说，100 万个分子中只需一个奎宁分子就能触发苦味。

螃蟹的味觉幻象

相传有一天，慈禧非常想吃螃蟹，但当时并不是能够吃到螃蟹的季节。于是，她命令御厨们想办法。经过多次试验，御厨们终于成功地用蔬菜模拟出"螃蟹味"——于是，新菜"赛螃蟹"诞生了。菜谱如下：土豆和胡萝卜去皮切丝后蒸熟，加入盐和姜粉，混合并压成泥蓉状。在锅中倒入少许油，放入事先泡发并切碎的干香菇，再倒入泥蓉状的胡萝卜和土豆。大火翻炒 2 分钟，然后加入鲜生姜和一匙料酒，调入少许糖提鲜即可。这些味道会在大脑中模拟出螃蟹的形象吗？快试试吧！

或许，是基因决定了我们不愿"吃苦"——这个基因特性有助于物种的延续。毒芹是伞形科植物中最危险的一种，它的味道十分辛辣，让人难以下咽。

许多有毒物质都会在人和动物体内产生酸味或苦味。植物无法奔跑，只能通过分泌毒素来对抗天敌，避免被吃的命运。

然而，一项研究表明，肺部、胃部和小肠中同样存在苦味感受器。呼吸道感知的苦味警示我们潜在的危险；胃部和小肠中感受器在侦察到苦味后，会立刻开始分泌胆汁。这些苦味液体能帮助消化，并让人迅速达到饱腹状态。

甜蜜的危险

颠茄是一种有毒的药用植物，其红黑色果实极易与越橘或黑加仑混淆。与大多数有毒植物不同，颠茄果实味道甘甜，食用一两个尚无危险。但若食用 3 到 30 个，儿童便会中毒，出现躁动、失忆、脉搏加速、呓语、精神错乱等症状。若所食果实超过 30 个（甚至无须这么多），将产生急性且致命的后果。由于儿童和徒步者对它的危险性一无所知，颠茄中毒事件在野外时常发生。戈尔捷·德·克劳勃利（Gaultier de Claubry）医生在报告中称，1813 年，至少 160 名士兵因食用颠茄中毒，其中多人死亡。

图上的味道 VS 味道地图

基本味道、主要味道……长久以来，人类一直试图将味道分类。早在公元前 350 年前后，亚里士多德就已经区分了苦、甜、油腻、酸腐、涩、咸、酸这七种味道。数个世纪之后，瑞典博物学家卡尔·冯·林奈（Carl von Linné，1707—1778）加上了潮湿、干燥和脂肪味。然而，生理学家阿道夫·欧根·菲克（Adolf Eugen Fick，1829—1901）认为，"所有味道都是由酸、甜、苦、咸四种味道组合而成"。与此同时，为了捍卫进化论，达尔文也提出，味道和人类延续息息相关。他认为，人和其他动物一样，易于发现糖和氨基酸，这二者是他们的力量之源。对咸味的探查则是为了补充自身随汗液和尿液流失的盐分，以确保身体的平衡和内部调节功能的正常运转。另外，人类会避免某些有毒物质的苦味，比如马钱子碱、乌头碱等能立刻使吞咽功能陷入瘫痪的植物生物碱。最后，水果的酸度直接取决于它的成熟程度：太绿意味着味道酸、难消化，熟过了也会因发酵而产生酸味。因此，酸、甜、苦、咸成为自然界中的"四原味"。

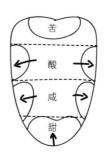

20 世纪 40 年代，美国心理学家埃德温·G. 博林（Edwin G. Boring，1886—1968）将舌头分为四个区域，与四种味道一一对应。这张错误的味觉地图，要追溯到对一篇文章的糟糕翻译。1901 年，德国学者 D. P. 黑尼希（D. P. Hänig）发表了《味觉的心理物理学》（"Zur Psychophysik des Geschmackssinnes"）。与后来的翻译恰恰相反，他在文章中指出，舌头的不同区域对味道的感知其实几乎没有差异。有趣的是，尽管"味觉分区"理论荒谬至极，至今却仍有许多忠实拥趸。

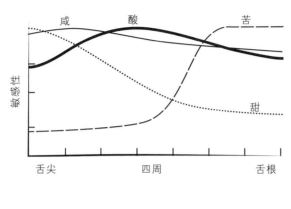

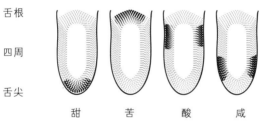

根据黑尼希《味觉的心理物理学》原著中的插图绘制。但错误的翻译将之解读为，舌根负责感知苦味，舌尖负责感知甜味，其余的味道则均匀分布。舌头中部覆有丝状乳头，对味道分子不敏感

垂涎欲滴

　　唾液在味觉中发挥着至关重要的作用。它能最大程度地溶解和分布味道分子，使它们与味蕾接触。狗和其他动物舔舐嘴唇的行为，也是为了将分子（通常为信息素）分散开来，以更好地分析接收到的信息。

味道与体质。味道还存在其他分类方式。阿育吠陀（Ayurveda）[①]中提出了"六味"（rasas），分别对应能调节心理状态和体质的食物：辣（胡椒、生姜……）、苦（西柚、绿茶……）、酸（柠檬、罗望子、发酵食品……）、甜/甘（蜂蜜、谷物……）、咸（喜马拉雅盐、海藻……）、涩（柿子、核桃、扁豆、西葫芦……）。空、风、火、水、土五种元素是这些味道的基础，以不同方式组合后，形成三种体质倾向（dosha）：

- 体风素型（vata）：由风与空元素组成；
- 胆汁素型（pitta）：由水与火元素组成；
- 黏液素型（kapha）：由土与水元素组成。

这样的分类大体上基于一个原则，即生活是一场摇摆不定的平衡游戏，我们需要了解它，并通过改变饮食来达到平衡状态。我们应该依据主要体质倾向，结合个体需求调整饮食习惯。比如，你充满活力，行事果决、有条理，但有时过于挑剔并缺乏耐心，属于胆汁素型体质，那你就该多吃新鲜、温和、清淡，味道偏甜、苦、涩的食物（如下页表所示）。

将世界划分为几种基本元素的主意，最早可追溯到公元前460年。哲学家和医学家恩培多克勒（Empedocles，约公元前495—公元前430）提出，世间万物皆由土、水、气、火四种元素构成。四

---

① 源自古印度的医学形式。

辣	苦	酸	甜/甘	咸	涩
火+气	气+空	火+水	水+土	火+土	气+土

阿育吠陀中的"六味"

种基本物性——热、冷、干、湿也从中衍生而出（热即气与火，湿即水与气，诸如此类）。在接下来的几个世纪中，这些关于起源的假说被广泛运用于宇宙学、生物学（生物分类）、医学（希波克拉底的"体液说"认为，火即黄胆汁，血即气，淋巴液即水，等等）和营养学。古希腊医学家盖伦（Galen，129—216）继承了希波克拉底的衣钵，认为消化是食物被二次加工进而转化为体液的过程。一切疾病都源于体液失衡，食物分解后也会回归四种基本元素。基于食物热、冷、干、湿的不同性质，盖伦绘制了一张食物分布象限图（下页图）。

　　他依据食物肌理和味道将其分类：蜂蜜是干热性的，黄瓜是冷湿性的，香料都是干热性的（其中辣味的胡椒位于图中一极），青葡萄和酸樱桃是干冷性的（味道苦涩）。

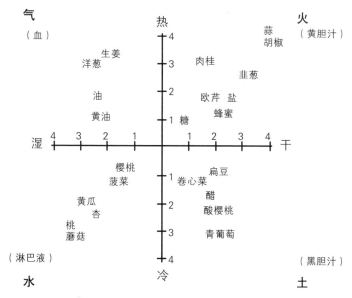

盖伦提出的食物分布象限图

食物依据其湿度和热度，分布在图中不同位置

第五种味道："鲜"？

20 世纪 80 年代以来兴起的日本料理热潮，和随之而来的"无国界"料理风潮（探索、混合世界各地的风味），催生了（或者说媒体开始大肆宣传）第五种味道：鲜。实际上，早在 1908 年，日本化学家池田菊苗（Kikunae Ikeda，1864—1936）发现了昆布中含有的氨基酸（谷氨酸），并将相对应的"鲜"味定义为第五种基本味觉。

然而，这种味道并不为酱油和海带所独有。在帕尔马干酪、弗朗什－孔泰干酪、大多数肉类、一些鱼类和某些蔬菜（比如番茄）中，我们都发现了"鲜味分子"的踪迹。

这些分子及其衍生物，尤其是著名的味精（谷氨酸钠盐，即MSG E621），被大量用于食品香味添加剂的制造工业。这种添加剂自然存在于熟干酪、猪肉食品中，其浓度和人工汤汁中的浓度不相上下（0.2%～0.9%）。

"鲜"已不再是被打上亚洲烙印的味道。从下面这张表格中，我们可以发现它的身影无处不在……

一些食物中的谷氨酸浓度（Kato et al., 1989）

食物	谷氨酸含量（mg/100g）
海藻	2240
帕尔马干酪	1200
绿茶	668
海带	640
沙丁鱼	280
蘑菇	180
番茄	140
牡蛎	137
香菇	67
大豆	66
胡萝卜	33
猪肉	23

酸、咸……甜

酸和咸，是两种明显而直接的味道。每个人都对这样的经历深有共鸣：嚼一片柠檬，立刻会被酸得挤眉弄眼！粗盐同样具有一种明显的味道，襁褓中的婴儿就能分辨。实际上，这两种味道分别来自氢离子（H^+）和钠离子（Na^+）。通过快速的电脉冲，电子瞬间转移，大脑也立即做出反应。钠离子浓度直接影响菜肴的咸度。在去极化的过程中，离子使细胞表面原本的电荷分布发生变化，从而改变了内部的钙浓度，并释放神经递质，向大脑发送信号。这一过程依赖离子通道实现。降压药正是通过离子交换发挥作用的：药物分子附着在离子通道上，抑制钠的吸收，以降低血压。

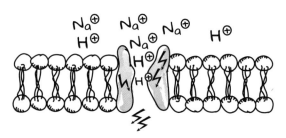

离子通道指细胞之间供离子（酸中的 H^+ 和盐中的 Na^+）通过并达到平衡态的区域。我们尝到的酸度和咸度，直接取决于这些电荷的浓度

酸和 pH 值，与"十"俱进！

溶液的 pH 值（氢离子浓度指数）取决于其中的氢离子浓度，数值为 1 到 14。若 pH 值小于 7，溶液呈酸性；若 pH 值等于 7，溶液为中性；若 pH 值大于 7，溶液则为碱性。pH 值每减少 1，对应的氢离子浓度和溶液酸度便增加 10 倍（或碱度减少到十分之一）！比如，pH 值为 4 的番茄汁，酸度只有 pH 值为 3 的可乐的十分之一，只有 pH 值为 2 的柠檬汁的百分之一！

至于甜、苦和鲜，则是通过生化识别来发挥作用。在这个过程中，味道分子是"钥匙"，味蕾上的众多感受器是对应的锁：咔嗒，一系列复杂的生化反应拉开序幕。

咸的苦味加成

法国俗语 "une note salée"（咸味账单，比喻巨额账单）的起源要回溯到 17 世纪，指的是中世纪欧洲收取的盐税和当时食盐的高昂价格。如今，我们口中的"咸味"依然谜团重重。下页的几个例子展示了这种由多离子组合而成的味道的复杂性。

化合物	滋味
NaCl(食盐)	咸,无苦味
KCl(氯化钾,钠盐的替代物)	咸,苦
Na_2CO_3(碳酸钠)	肥皂味,几乎无咸味
$CaCl_2$(氯化钙)	非常苦,无咸味
$C_6H_{10}CaO_6$(乳酸钙,常和藻酸盐一起用于封装)	微苦,无咸味

味蕾感受器与味道分子之间的生化识别

正如**酸与甜**(其实是**苦/酸与甜**)相得益彰,甜和咸也是一对好搭档。在这两种组合中,甜的作用是抵消或掩盖"咸"和"酸"带给感受器的电刺激。所以,这实际上是一个用来迷惑大脑的陷阱。我们的大脑同时接收到电流和生化反应的刺激,困惑得无法区分这些信息。咸黄油焦糖中的咸味恰好打破了浓腻的甜,配合饱满悠长的黄油香味,让人欲罢不能。由于盐之花的细腻结晶在过量的糖和油脂中难以溶解,应在最后一道烹饪工序中将其加入;而制作焦糖时,则应在一开始就加入细盐,以达到充分溶化的效果,实现这两种看似违和的味道在口唇之间的完美交融。

味觉幻象。大厨们热衷于制造各种味觉幻象，这个领域十分广阔，且大有可为。杜果 ① - 百香果、玫瑰 - 蔓越莓 - 荔枝……它们之所以能成为完美组合，也正是由于这些味觉幻象。组合中的成员拥有许多相同的分子。大脑同时感知到这些分子，因此无法区分食物。换言之，大脑只接收到了一条信息："味道的融合真和谐呀。"食物搭配学是分子料理的新兴研究领域，它在食物光谱分析的基础上试图创造出新的和谐味道（见第 3 章中"迈向共通的味道"）。

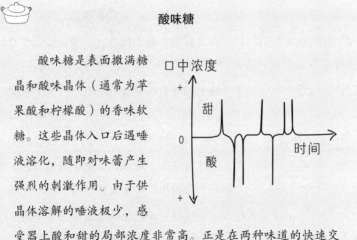

酸味糖

酸味糖是表面撒满糖晶和酸味晶体（通常为苹果酸和柠檬酸）的香味软糖。这些晶体入口后遇唾液溶化，随即对味蕾产生强烈的刺激作用。由于供晶体溶解的唾液极少，感受器上酸和甜的局部浓度非常高。正是在两种味道的快速交错中，产生了"爆炸性的"（且诱人的）味觉效果。如果将糖果上的小小结晶收集起来，溶解于一勺水中，你会发现，由于酸和甜的浓度大减，因此尝到的味道寡淡得让人大失所望。

---

① 俗称芒果。——编者注

多种多样的酸。酸是一种基本味道，人类
和动物可以通过它来判断果实的成熟程度。颜
色太青，意味着果实很酸，无法食用。但若熟
过了头，果实也会因发酵和腐烂而发酸。介于
二者之间的，是一种恰到好处、可以接受的酸
度，它表明果实正处于最佳食用状态，新陈代
谢和营养价值皆好。

这个例子说明了两种酸的存在。一种是发酵产生的酸，通常无
法食用。我们一般用"发酸""微酸""酸腐""馊"等词来形容这种
杂味。另一种酸则是绿色的、刺激性的、生机勃勃的，少量使用可
为菜肴增添清新的气息。在烹饪中，佛手柑、青苹果、柠檬片或是
醋渍小黄瓜的酸味会让菜肴的味道焕然一新。这种酸味是有益的，
它轻抚味蕾，中和了那些厚重的味道和繁复的层次。猪肉配酸渍小
洋葱、白葡萄酒配鲭鱼或沙丁鱼、柠檬片配三文鱼段、醉白鲱卷
（用白醋、酸黄瓜、洋葱和芥末腌渍的鲱鱼）、巧克力配百香果或蔓
越莓……在这些例子中，酸味皆平衡了味道和口感中的油腻感。我
们闻酸生津，在这个过程中，口腔内产生了大量唾液，在一定程度
上"清洗"了味觉感受器。若想进一步强化这个效果，不如借鉴盐
的经典使用方法：在食物表面撒满细碎的苹果酸或柠檬酸结晶，随即
放入口中，便能感受到舌尖绽放的火花。

神奇的耐酸性糖蛋白

甜味并不是糖的专属。许多蛋白质也具有甘甜的味道，甚至有着惊人的甜度。从马槟榔果实中提取的马槟榔甜蛋白，其甜度高达蔗糖的 3000 倍！神秘果蛋白——一种从非洲神秘果中提取出的蛋白质——也可以改变味道，引发甜味。若将神秘果放入口中咀嚼，然后喝一杯白醋，你会惊奇地发现味道竟然甜似蜂蜜！这个效果能持续一到两小时。仙茅甜蛋白是另一种能将酸转化为甜味的蛋白质，它来源于马来西亚宽叶仙茅的提取物。这些例子都说明，自然界中存在效果拔群的天然增味剂。

无论从味觉角度，还是从纯粹的化学视角，酸的种类都远非一两种。尽管从生物学的角度来看，酸性刺激都源自离子通道中的 H^+ 的作用，不同种类的酸也有着截然不同的滋味。比如盐酸（HCl）和乙酸（醋酸，CH_3COOH），在各自的水溶液中，前者电离产生 H^+ 和 Cl^-，后者产生 H^+ 和 CH_3COO^-。这两种溶液都含有能与感受器反应的 H^+，而它的阴离子，即 Cl^- 和 CH_3COO^-，也参与形成了溶液的味道。同样，苹果酸、柠檬酸、乙酸、抗坏血酸各自拥有特征味道。熟悉每一种酸的来源，理解食物 pH 值的变化规律，能帮助厨师和甜品师调制出更加美妙的酸味。

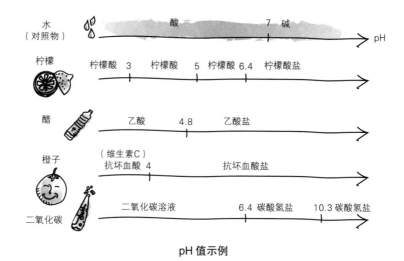

pH 值示例

碱性 = 毒性?

在烹饪过程中，我们可用柠檬酸钠来中和过量的酸。基于同样的原理，柠檬酸甜菜碱可用于中和胃酸，帮助解决消化问题。然而，随着酸度降低，味道也完全变了样。酸的共轭碱在嘴巴中能很快产生令人恶心的肥皂味。如果说，充满碳酸的气泡水是解渴佳品，那么不如试着尝一点儿碳酸的共轭碱——纯碳酸氢盐，它那酷似肥皂、洗洁精的味道会让你对前一点更加确定无疑。我们的味觉能够欣然接受 pH 值为 2 的酸度，却不是很好的碱性耐受者，pH 值达到 8 时便无力招架。我们对碱的天然反感或许是因为以下事实：蓖麻毒蛋白、番茄叶子中的龙葵碱、青土豆中的卡茄碱、颠茄、尼古丁……很多植物毒素都是碱性！

苦、干涩、青涩、酸涩

　　苦。许多食物以味苦而著称：黑巧 克力（可可）、菊苣、葡萄柚、芝麻菜、 还有啤酒、奎宁、堪培利开胃酒、龙胆 草、苏姿酒、香柠檬皮、黑橄榄，等  等。它们的苦味主要来源于所含的生物碱、镁和儿茶素。有些外行 人觉得，意式浓缩咖啡因为含有咖啡因而味苦无比。除了酒精浓度， 啤酒还存在一种苦度标准——国际苦度单位（International Bitterness Unit）。调制鸡尾酒也在苦味上大做文章，以微妙的比例加入少量苦 味剂，既可以解渴，也能带来悠长余味。大多数人讨厌味苦之物， “苦”甚至成了一个贬义词。个中原因是深层的，几乎根植于我们的 基因之中。正如我们先前所了解的那样，毒性最强甚至致命的化合 物通常都是苦的。此外，存在于杏核、李子核等多种水果核中的扁桃 苷，一旦食用，便会转化为剧毒的氢氰酸（氰化氢），有时甚至能置 人于死地。尽管毒性取决于食用的剂量，但千万悠着点！除了遗传学 之外，我们对于苦味的警惕和排斥也离不开文化因素。在法国，大部 分家长以“他不会喜欢这个味道”为理由，不给孩子吃芝麻菜或朝鲜 蓟。正是这种行为塑造了孩子日后的口味。他们更愿意让孩子吃味道 寡淡的生菜、小豌豆和甜胡萝卜。而他们的意大利邻居则截然不同。 意大利人培养了一种（更确切地说，多种）对苦味的审美。形形色 色、丰富多样的苦味都是餐桌上的常客。很多沙拉、橄榄、咖啡、利 口酒或意式开胃酒（amaro）①都带有美妙的苦味。朝鲜蓟芽苞在刚刚

――――――――――
①　即意大利语中“苦”的意思。——译者注

成熟、尚未长成朝鲜蓟时被摘下，这一过程被称为"阉摘"，凭借鲜明的苦味成为一道高级菜式，尝起来有着甘草和碘的气息。

巴尔扎克的咖啡

1839 年，巴尔扎克在《论现代兴奋剂》中谈及意大利咖啡艺术的优越性："如果你把咖啡捣碎，咖啡粉就会碎成奇形怪状的分子，留住单宁，只释放出香味。这就是当年意大利人、威尼斯人①、希腊人、土耳其人能够不停地喝被法国人蔑称为'咖啡末'的咖啡，而没有任何危险的原因。"那些分子并非奇形怪状，也没有人能仅靠研磨便让咖啡达到分子级别，但这种解释很有说服力。水从经过研磨和压缩的咖啡颗粒中渗滤而过，细腻的咖啡粉末使香味得以释放。若咖啡颗粒过大，水从缝隙之间迅速流走，得到的咖啡滋味堪比"洗脚水"。相反，如果咖啡颗粒太小或者压缩得太紧，水便不能流通。我们需要研磨得恰到好处的咖啡，在一定压力下，水穿过咖啡粉末（在物理上，这一过程被称为"渗滤"，渗滤壶由此得名），溶解于其中的香气愈发浓郁。体积更大的咖啡因和单宁短时间内难溶于水，滞留在颗粒中。如此便解释了为何意式浓缩咖啡的咖啡因含量低于用咖啡壶煮出来的美式咖啡。只是，巴尔扎克忘记了重要的一点：渗滤壶中的水压（与温度相关）对味道起着决定性的作用。

---

① 在巴尔扎克写成该书时，威尼斯尚在奥地利的统治之下。——译者注

　　正如甜可以缓解酸味，它也可以减轻过量的苦味。甜能快速地提供有机体所需能量，代表着生命力，形象与苦相反。由此推之，甜是温和的、让人安心的。料理苦苣时，我们通常将它焦糖化，加入一撮糖来抵消原本的苦味。抹茶醇厚味苦，通常搭配甜点食用（比如做成甜红豆抹茶饼）。另一个小窍门则是依靠特定的分子欺骗味蕾来隐藏苦味。散塔草产自墨西哥和美国加利福尼亚州，内含的黄烷酮能将口腔中的苦味降低 40%。索玛甜存在于西非竹芋中，也有异曲同工之效，这种蛋白质常被用于药理学（药物的有效成分通常非常苦）和农产品加工业。它是一种强劲的甜味剂，其甜度高达蔗糖的约 3000 倍，能非常高效地掩盖苦味。

可怜的特蕾莎

　　19 世纪产于米兰的菲奈特 - 布兰卡酒（Fernet-Branca），其性质一直介于甜苦健胃酒和药酒之间。它由多种香料和苦味植物（龙胆、大黄、当归、藏红花，等等）调配而成，既能缓解各种疼痛，也能抚慰苦涩的心灵……

　　约赛特："哦，我可怜的特蕾莎……你在瑟瑟发抖！"

　　特蕾莎："厨房水池旁的壁橱里有一瓶菲奈特 - 布兰卡酒，你倒一杯递给我吧。"

　　　　　　——让 - 玛丽·普瓦雷（Jean-Marie Poiré）作品，

　　　　　　　　电影《没用的圣诞老人》节选

和甜、鲜一样，苦味的感知也依靠蛋白质与感受器的配对激活。一旦激活，味道将在转导过程中转化为电信号。涩味的形成机制则与之大相径庭。

干涩。涩味食物让人嘴巴发干，使口腔黏膜收缩。法语中的干涩（astringence）一词源于拉丁语（astringere），意为"收紧，紧缩"。在这个机械作用中，我们的感受器收缩。唾液淀粉酶与收敛性物质发生反应，并在一定程度上与之结合（化学术语为"络合"），口腔因而进一步发干，产生"粗糙"的感觉。单宁是这种干涩感的"元凶"，广泛存在于酒、柿子、石榴、鼠尾草、某些橄榄、木瓜等各种食物中。在日本，干涩感有着两重意义。一方面，和欧洲人的认知相似，它是使舌头麻木迟钝的罪魁祸首。但另一方面，它也是一种被误解的味道：干涩感是审慎的，是从容的，是一种在漫长岁月中沉淀而出的精致审美。柿子便以其涩味著称。用生涩的柿子榨取的果汁具有发酵的味道，其中的单宁被用于制造布料、油漆、胶水、涂料等产品，能赋予家具和布料一种亚光、古旧的色泽，以及一种凝刻于时光中的高贵感。在这个意义上，若我们说一个人很"涩"，其实是在夸赞他的从容、稳重和成熟；也就是说，他拥有了生活赋予的时光质感。将熟柿子浸泡于酒中，而后沥干，柿子的干涩感大减，成为一道令人垂涎的美食。我们像对待古老的画作一样，谈论"旧时风味"，而那些美妙味道的关键，就在于保留食物中的轻微涩感，以获取更具质感的滋味。我们不会感到干涩，只是隐隐约约觉察到一丝丝涩味的存在。此外，干涩感是细致、复杂、丰富的味道王国中不可或缺的成员。事实上，它和苦味一样，能让味道更持久，口感更醇厚。

　　"香气、味道、热度、清新、肌理……这一切构成了食物的味道。而干涩感是一道投向它们的淡淡阴影，让味道更立体生动，更具丰富内涵。"

　　　　　　　　　　——关口凉子（Ryoko Sekiguchi）[1]

　　此外，少量涩味能让口腔"焕然一新"，让味蕾游刃有余地切换于不同菜肴之间。中国人和日本人爱在就餐时喝茶，正如同法国人喝葡萄酒、墨西哥人和比利时人喝啤酒的习惯一样，都不是无心之举。这些饮品中含有的单宁是一种收敛性物质，能"洗涤"我们的感受器，让它们"归零"，以便感知其他味道。在这个过程中，单宁含量比酒精浓度更为关键。关口凉子曾做过一个诗意的总结："涩，是食物间的逗号 [……] 淡淡的涩味，是味道诗句中的句读，抑扬顿挫，循环往复，'咏'无止歇。"我们知道，葡萄的颜色来自花色素苷，后者同时也是紫甘蓝、红菜头及其他红黑色水果的颜色来源。花色素苷赋予葡萄酒圆润的口感，不会带来苦味或涩感。在葡萄酒的陈化过程中，花色素苷与单宁结合后，反而会让后者苦味尽失。适量的涩味让葡萄酒香味持久，回味悠长，从而达到"唇齿留香"

---

[1]　日本诗人、翻译家。——译者注

的效果。酒精的存在，则能放大我们品尝到的苦感。

　　茶艺爱好者们深知，茶的涩味不仅与茶叶的品种有关，还会受到水温和冲泡时间的影响。鲜味源自茶叶中含有的一种氨基酸——茶氨酸。在阳光照射下，茶氨酸分子转化为儿茶素，再进一步转变为单宁。不要混淆茶氨酸（theanine）和茶素（theine），后者是一种人们熟知的兴奋剂，和咖啡因（也称咖啡碱）的分子相同。"茶迷"们大概已经品尝过玉露茶，这是一种绿茶，首先需用约40℃的低温水温和冲泡。第二泡时，换用温度高一些的水（约60℃），以激发出一种精妙的微苦感。玉露茶非苦，非甜，非酸，非涩，却又将这些味道一一孕育其中，幻化为妙不可言的东方风情……

80℃的茶，你确定吗？

　　泡茶有两忌：一忌水温过高（通常低于80℃），二忌冲泡时间过长（通常少于4分钟），以防止茶水中释放过量单宁。中国和日本的茶道文化很好地体现了这个原则。通过茶具及一系列让游客眼花缭乱的古老仪式和烦琐准备，我们会发现，茶水的加热和冷却周期、冲泡时长及醒茶时间（与红酒相仿）都被拿捏得十分精确。

　　如果单宁含量过高以致茶味非常苦涩，该怎么办？以格雷伯爵茶（红茶）为例，在这样的情况下，有人选择加入牛奶，使茶味变柔和。牛奶中的蛋白质——酪蛋白与游离的单宁结合，以致茶汤变得混浊，苦味大幅度降低。印度茶也是一种加入牛奶的柔和红茶饮。不妨试试看：将茶叶长时间浸泡，以便其中涩味充分释放，然后品尝茶汤的味道。接着，加入一些事先用冷水泡软的明胶片。茶水中立刻出现混浊的现象，随即缓慢沉入杯底。再次品尝，你会发现，涩感消失了！于是，我们得到了一杯没加奶的奶茶！蛋白质（明胶）与单宁络合，实现了唾液中的单宁与味觉感受器的隔离。

香草的陈化作用

　　香草能非常有效地缓解口腔中的苦味和酸味，并产生圆润感。在一瓶低年份威士忌中加入少许香草，能赋予前者俨然已在木桶中陈化多年的口感！

　　青涩。水果和蔬菜中的青涩味主要来自草酸。这种酸存在于酸模、大黄、甜菜和芝麻菜中。我们常常将它和干涩感混淆或联系起来。

　　这一点情有可原，因为二者其实来自同一种物质——单宁。味道青涩的酒年份低，入口发干。在酒的陈化过程中，随着时间的流逝，酸的浓度不断变化，味道也随之改变。在这个意义上，青涩或许可以被定义为一种发酸的收敛感，是一种物理效果（组织收缩）和味觉效果（酸）的综合体现。

晨间口涩

黏稠、干燥的口腔同样会产生涩感：厌氧菌（在无氧条件下存活的细菌）在舌头表面滋生，并释放出味道酸涩的硫化物分子。夜间，唾液分泌减少，这些分子不断增多，最终汇聚成起床时的糟糕口气。尽管生大蒜中的大蒜素是一种抑菌素，能抑制口腔中细菌的蔓延，还是一种能抵抗强烈气味和刺激性味道的硫化物，但这些优点也无法掩盖一个矛盾的事实：晚上吃大蒜会加重口气。实际上，食物的糟糕气味往往都来源于硫，比如水煮蛋中的硫化蛋白质，花菜、芦笋、花椰菜中的香味分子，大蒜、洋葱、分葱中的蒜味分子，它们受热分解后都会产生硫的气味。

酸涩。酸涩是一种带有酸腐味道的收敛感。由于它暗指令人不快的气味和味道，通常带有贬义色彩。相比于令嘴巴发干，收敛感的效果更体现在口腔的余味中。酸腐是一种有轻微刺激感的酸味，我们将它形容为冷酸，与以辣椒为代表的热辣感形成对照。发酵酸

奶、变质牛奶和亚洲腌菜都有这种酸味。这样的咬文嚼字让人头晕眼花！可这也恰恰说明，这些味道之间只存在比例和（本质上非常个人化的）感知上的细微差别。不过，我们并不能将它们都简单归为一类。

我们的味觉有时会同时检测到数种分子，以至于口腔中的感受在不同味道之间快速变换。比如，处于不同生长阶段的盐角草就呈现出了不同的味道：尚未成熟时，叶绿素的存在使其青涩微苦，成熟后则会带有明显的咸味。味道之所以改变，是因为它的化学组成发生了变化。其实，叶绿素一直存在，只是在含盐量增高之后，味道被盐遮盖了。同样一杯咖啡，有人认为它苦（也因此具有高级感），有人因入口不够顺滑而觉得它味道青涩，还有人会由于它味道过酸而将其评价为口感酸涩。在这种情况下，咖啡的化学组成丝毫未变，是食客的味蕾和经历决定了他对"苦""青涩""酸涩"这些形容词的选择。

脂肪味、肥味：第六种基本味道？

奶油柔滑细腻，乳化黄油酱汁口感圆润，霜降牛肉入口即化……这是对食物口感的描述吗？诚然如此，但同时也是对一种"肥"味的形容。至少，这符合美国普渡大学的研究者们于 2015 年取得的一项研究结果。捂住鼻子，并将样品溶解以消除肌理的影响，但正如我们能依靠特定的味觉感受器检测甜味和苦味，我们依然能分辨出脂肪酸的味道。于是，脂肪味（olégustus）成了第六种基本味道。其中，oleo 在拉丁语中意为"油"，而 gustus 意为"味

道"。后续研究相继展开，并已经取得了虽尚待证明、但十分有趣
的初步结果。小剂量的脂肪酸口味宜人，还能像苦味一样产生美妙
而悠长的回味。若配合一定肌理，或佐以其他味道（尤其是咸味和
甜味），它的滋味会让人欲罢不能（薯条、薯片……）。而这一点，
早在现有研究之前就已经应用于食品加工业了。但是，同样的脂肪
酸分子以高浓度存在时，却受到了实验参与者的强烈排斥，其原
因和我们排斥哈喇味食物的理由相同：我们的身体会向大脑发
出信号，提醒它拒绝过于油腻或变质的东西。这一点并不绝对，还
要考虑至关重要的文化因素，它从婴儿时期便开始塑造我们的味觉
偏好。在亚洲，又肥又腻的猪皮和鸡皮摇身一变，成了备受好评的
佳肴。

零热量肥肉？

这些资料没准儿能为食品加工业提供全新助力：在甜味
剂之后，能模拟"肥"味的分子也合成有望。这样一来，食
品加工业或许可以抛弃用添加剂模拟肥肉口感的现行做法，
在可预期的未来推出肥肉的真正替代品。

温度的滋味：冷和热有味道吗？

温度作为一种外界刺激，能造成口腔中感受的变化：吃得太烫会
产生灼烧感，太冷又会有麻痹感。那么，是否存在某种食物，本身

就能引发或冷或热的味觉感知呢？近来，温度感受器的存在已经得到了证实。温度会成为"第七种味道"吗？虽然名头并不重要，但这意味着，我们可以在脱离品尝温度的语境中讨论冷和热的味道。同时，这还赋予了我们一个额外的机会：调用各种感觉，创造前所未有的味觉图像，并通过食物肌理、温度和味道的组合激发新的美食体验。

口腔对冷和热的感知至少来自三种现象：外界的品尝温度、口腔中发生的热反应和食物的固有性质。

我们吃东西时，完全搞错了温度！温度会影响我们对味道的感知。甜味的最佳食用温度为 35℃ 至 37℃，咸味为 20℃，苦味则最好在 10℃ 至 15℃ 时品尝。至于酸味，则对温度不太敏感。基于这个事实，主食的温度总是过高，而前菜和甜点的温度却又太低了。生苦苣沙拉作为前菜被食用时，其中的苦味会被进一步放大；用冰凉的甜点为一餐收尾，又会因低温状态下甜味减弱，一不留神就摄入过量的糖分。

相反，由于 35℃ 时甜度受到激发，一道热腾腾的甜口菜会迅速使我们产生恶心感。一方面，"过热"会产生灼烧感，损伤我们的感受器，甚至让形成感受器的蛋白质凝结。另一方面，"过冷"会使味觉失灵（酸除外，低温时也能保持强烈的酸味，柠檬冰激凌就是一例）。在下文中，我们还将继续讨论这场发生在食物肌理、温度和味道之间的"拉锯战"。

口腔中的热力学反应。某些糖的替代物（甜味剂）具有清新口气的作用。我们都知道，一些口香糖有"冰爽"效果，有的还能

"让口气焕然一新"。"清新"尚可理解，"冰爽"从何而来？某些晶体需要能量才能溶化。当我们在舌头表面放置木糖醇晶体（从桦树中提取的甜味剂）、赤藓糖醇晶体（存在于甜瓜、梨、酱油、味噌等食物中的天然甜味剂）、山梨糖醇晶体（花楸树果实中的糖）或甘露醇晶体（藻类提取物）时，会感到一阵冰凉。这是因为，在溶化过程中，这些晶体需要汲取热量，导致局部温度降低，于是我们感到了凉意。

我们可以将这样的效果运用到烹饪中。比如，在薄荷冻上撒木糖醇晶体，就可以激发清新的气息。诸如调味盐之类的细腻晶体，能赋予黄瓜、巧克力糊或是苹果-根芹丝清爽的味道。

"凉性"和"热性"食物。 凉味由特定的温度感受器激活后产生。在黄瓜、薄荷、芹菜、欧芹、茴香、桉树叶、欧防风、青苹果、酸橙、大根、茴芹、生姜等食物中，都能发现那些能和温度感受器发生反应的分子。薄荷脑、茴香脑、桉树脑、柠檬烯，以及存在于龙蒿、甘草、丁香、罗勒和苹果中的草蒿脑，都是制造出这种凉味的"始作俑者"。它们能赋予一道菜肴清新的气息。

在通常情况下，上述各种成分还能在降低甜味敏感性的同时，强化我们对酸和苦的感知。如果与"凉性"食物混合同食，餐后甜酒似乎就没那么甜了，但芝麻菜的涩味却愈发强烈。在菜肴本身温度就低的情况下，这样的效果还会得到进一步加强。

一些"凉性"食物		
莳萝	大根	欧防风
八角	龙蒿	欧芹
罗勒	桉树叶	甜椒
桂皮	茴香	青苹果
黄胡萝卜	生姜（少量）	辣根（少量）
芹菜	月桂	甘草
丁香	酸橙	马鞭草
柠檬草	薄荷	山葵（少量）
黄瓜	新鲜香菜	

 温度错觉

在大夏天吃四川火锅（内含四川特产辣椒）让人汗流浃背，黄瓜－龙蒿凉汤则会让你的牙齿遭受冰凉一击。这是因为食用高温"热性"食物，或品尝低温"凉性"食物，都会放大温度效应，强化温度感知。这都没什么稀奇的。但是，若换成生姜冰激凌，在这场冷热较量中，谁又会更胜一筹呢？热乎乎的甜甜圈，若撒上木糖醇和薄荷晶体，会是什么滋味？不如一试：以不同的温度，品尝不同性质的食物。在这场内与外的冷热碰撞中，迷惑你的大脑吧！

刺激性味道:"火辣辣""呛鼻子"

口中火辣,紧张刺激。低浓度的薄荷脑和姜酚能在口腔中制造出清新的味道,但以高浓度存在时,却会产生完全相反的味觉效果。过量的薄荷或生姜会带来灼烧感——生姜恰恰也是"热性"食物中的一种。在这一点上,姜酚多少得负点责任。这是一种酚类化合物,和辣椒素类似,对温度敏感,容易分解。在出锅前撒上新鲜生姜末,菜肴便会带有刺激感。如果我们希望味道更柔和一些,那么可以把姜煮一会儿。

辣椒中的辣味源于辣椒素分子。这种分子能引起火辣辣的灼烧感,入口刺激。这样的感觉来自受到刺激的三叉神经,它是颅神经的一种,由眼部、鼻部和喉咙深处的神经元汇合而成。眼睛流泪、鼻子流鼻涕、嘴巴火辣辣,这些都是天然的条件反射,人体通过眼泪、鼻腔分泌物、过量唾液,乃至汗液来抵抗那些"来袭"的分子,并试图消灭它们。这都是再正常不过的生理现象。我们吃得越辣,身体就越能适应这些分子的出现,防御机制也就随之逐渐减弱了。

斯科维尔指标直观诠释了辣的威力。纯辣椒素的辣度高达 1600 万,而甜椒中的甜椒碱辣度为 10 万,生姜中的姜酚辣度为 6 万。这是什么意思呢?这意味着,对于一勺纯辣椒素,人们要想尝不出辣味,得将它稀释于 1600 万勺水中。这个方法虽然具有主观性,却能将各种物质依据辣度排序。

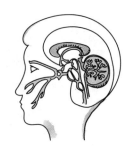

三叉神经的简化示意图

有一点仍需注意：斯科维尔指标中的对象都是纯分子。

斯科维尔指标

食物	辣度
辣椒素	16 000 000
纯甜椒碱	100 000
纯姜酚	60 000
鸟眼辣椒	30 000 ～ 60 000
卡宴辣椒	30 000 ～ 50 000
山葵	30 000
埃斯珀莱特辣椒	1500 ～ 3000
甜辣椒粉	100 ～ 300
甜椒	0

食物中的有效成分几乎都处于稀释状态。因此，虽然生姜比甜椒更辣，但在斯科维尔指标中，前者中姜酚的辣度其实低于甜椒碱。

同样，尽管都含有甜椒碱，各类甜椒却具有不一样的辣度。而黑胡椒、青胡椒（未成熟的黑胡椒）、荜澄茄或野生黑胡椒、潘扎白胡椒……它们含有的甜椒碱浓度也各不相同。

辣椒素既是一种香料，也是一味快感添加剂。它直接作用于三叉神经，即刻便能触发神经反应：除了先前提到的立竿见影的机体反应（比如流泪），这个过程还会释放内啡肽（快感激素），以达到安抚性效果。这就解释了为何那么多人会嗜辣成性，并不断追求更烈的辣度。辣味的忠实拥趸中，又以泰国人、中国人、印度人和墨西哥人为最。在这些地区,大量使用辣椒不仅是为了灭菌,更是出于对快感的追求。口腔黏膜表面含有众多感受器,在辣味的刺激下局部发炎,导致我们对味道格外敏感。如此一来,少量的辣椒素能增强味道,让吸入的空气更加清新,让冷藏的葡萄酒更加清凉。牛奶、酸奶或冰奶油都能缓和我们味蕾上的灼烧感。更进一步说,这个过程中发挥作用的是由水和油脂组成的乳液,辣椒素溶解其中。口腔中油性乳液的圆润感,加上冰奶油的冰凉感,有助于缓解局部的炎症。与此相反,龙舌兰、伏特加中所含的低糖量酒精和啤酒中的二氧化碳,却会在延长灼烧感的同时加强激素快感。墨西哥人、泰国人和中国四川人爱一边吃辣一边喝酒,这难道就是他们快乐的秘诀?

内置酒精测试仪

我们的饮酒经验显示,无论饮料酒精浓度高低,三叉神经都能测量其中的酒精含量。我们拥有一个名副其实的鼻腔酒精测试仪!

"呛鼻子"。不同于辣椒,芥末的效果是"呛鼻子"。当我们长时间咀嚼芥菜籽时,其中含有的黑芥子苷及肌球蛋白与唾液混合、反应,产生异硫氰酸烯丙酯。这是一种具有强挥发性的香味分子,在

口腔温度下便能汽化，并经由鼻后通道上升
至三叉神经。后者受到刺激后，头部上方的
感觉细胞立刻做出回应：鼻腔火辣，眼睛流
泪。辣根、山葵、芝麻菜中也含有这种分子，
只是数量不一。此外，异硫氰酸烯丙酯易被

氧化：这种物质剩得越少，刺激性就越弱。因此，如果你忌惮新鲜芥
末的威力，不妨在盘子上抹薄薄的一层，并在空气中放置几分钟。

芥子气和城市煤气

　　二氯二乙硫醚是一种能引发窒息的化学武器。由于
合成过程中残留的杂质——二烯丙基二硫（大蒜素）和异硫
氰酸烯丙酯的衍生化合物——具有辣根、芥末和大蒜的气味，
它也被称为"芥子气"。

　　另一种硫化分子常被人为地加入城市煤气（甲烷），为完
全无味的后者"调个味"。四氢噻吩是为人所知的味道最恶心
的分子之一，只需极微量便无处遁形。基于这个特点，它成
了家庭煤气泄漏的"预警员"。

　　电流的味道。四川花椒尝起来有一种几乎使人
麻痹的"电流感"，能让嘴唇和舌头都失去知觉。这
是一个同步激发触觉和味觉的过程。佐以辣椒（中
国有多款以豆豉、豆干为底料的辣酱）、生姜和大

蒜，花椒成了许多四川菜的灵魂。这种电流感按理说并不让人愉快，却能减轻由辣椒造成的炎症。除此之外，花椒还能带来类似于柠檬和花香的清新味道。这一切让中国四川省成为名副其实的美食地标：2010 年，联合国教科文组织将成都认定为"美食之都"。

葡萄柚花椒

尼泊尔的提木（Timut）花椒和四川花椒同属一科。除了电流的味道，这种花椒还能咂摸出柑橘属植物（尤其是粉红葡萄柚）的滋味，令人称奇。

金属味

俗话说，"金钱没有气味"。这个说法的正确性毋庸置疑：银、金，以及所有其他金属都既不包含也不能散发香味分子。然而，"金属味"是每一位闻香师和品味员都熟知的词。即使不是专业人士，我们每个人也都曾注意到，硬币、楼梯栏杆或是易拉罐的边缘闻起来都有股金属味……

德国莱比锡大学的迪特马尔·格林德曼（Dietmar Glindemann）和美国弗吉尼亚理工学院的安德烈亚·迪特里希（Andrea Dietrich），这两位化学家解决了这个悖论。原来，气味并不来自金属，我们的手才是味道的源头！这个过程中发生了一系列连锁反应，最终产物是具有金属气味特征的挥发性化合物（主要成分为 1- 辛烯 -3-

酮）。铁被酸性汗液溶解，转化为铁离子。在这些离子的催化下，阳光中的紫外线（UV）作用于皮肤表面的酯类物质，将它分解为小分子烃类化合物（其中不乏香味分子），随后挥发并到达我们的嗅觉器官。

这种气味被我们称为"金属味"。基于上述原理，日常使用的硬币由于材质为铜、锌、镍等金属组成的合金，带有明显的"金属气味"。而金条或金块（富有的幸运儿们不妨一试！）由于不含铁，闻起来则完全无味……

易拉罐由纯铝或铝与马口铁制成，也能散发出金属的气味，经过特殊配比的易拉罐尤其如此。换言之，在易拉罐的催化下，能得到具有"金属味"的反应产物。

血液的味道

无论运用嗅觉还是味觉，血液的味道都酷似金属。我们察觉到的"金属味"来自血红蛋白中的铁。人类之所以能感知金属味，并对这种味道格外敏感，其原因或许要追溯到我们的远古始祖。对于他们来说，追踪流血的猎物和受伤的敌人都是关乎生死存亡的大事。然而，经过世世代代的演化，人类的嗅觉不再灵敏了。

具有金属的味道是件好事吗？这一点还得因物而异。比如，甜菊的叶子中含有一种高倍甜味剂——瑞鲍迪甙 A，食用后会残留一种令人不快的金属余味。一些葡萄酒被不洁的酿造工具污染，尝起来有股"锡箔味"。然而，由于白苏维翁和雷司令葡萄生长在富含矿物质的土壤中，评价由它们酿出的酒时，"硅味"或"钢味"却成了毋庸置疑的褒义词。有时候，人们也用"金属感"来形容金属般的干涩口感。

淡而无味：肌理的味道

在前文中，我们提及了许多能用嘴巴品尝出的滋味和感觉。那么，没有味道又是什么样？所谓"没有味道"，并不是指由于味觉缺失（缺乏一切对于味道的感知）、味觉减退（衰弱）、味觉障碍（扭曲）或嗅觉缺失（嗅觉失灵）等感官障碍而品尝不到味道，而是食物本身就淡而无味，或至少理应无味……豆腐、苦苣、水煮西葫芦、蒸熟的西瓜、胶状物、糯米、面条……如果没有调料增味，这些食物的味道都寡淡极了。我们下意识地想要撒上大把的盐，以获得更浓重、更丰富的味道。然而，那就错了。味道其实就在那里：它们是微妙的、温和的、精致的，它们是后知后觉、隐秘含蓄的。先前列举的那些食物，与味道相较，口感似乎更为出彩。那么，"肌理的味道"就等同于寡淡无味吗？

法国大餐和日本料理同为世界著名的美食体系，但它们基于的原理迥然不同。一言以蔽之：法餐是原料（奶油、鸡蛋、牛奶、香料……）的加法和乘法，日本料理则是味道的减法和分量的除法。这并不是用料吝啬，而是追寻食材的精华和绝对的本质。相比于味道，人们通常更注重食物的肌理。丝滑的豆腐之上，黄豆和葱花的余味似乎太多；如果想要探索荞麦的甘甜，荞麦面本身便已足够。但对法国人来说，豆腐味道欠缺，实在太寡淡了，不会激发烹饪或品尝的兴趣。"寡淡"是一个贬义词，和无聊、缺乏生机是一个意思（比如"寡淡的生活"）。想要欣赏这样的食物，像品尝味道一样品味肌理的美妙，得经过训练，培养出灵敏的舌头。我们需要更多地使用丝状乳头（见第 19 页图），它能细腻地分析食物的肌理。

待重新开发的味蕾。味道的感知诚然脱离不了文化因素，但也与经济因素密切相关。一些食品加工业通过过度、过量的调味扭曲了我们的感知阈值，让我们的味蕾从小就只具备品尝标准化工业口味的能力。被广泛滥用的乙基香草精没有香草味，廉价的松露油由非调味油和劣质的松露香精制成，其味道和松露货真价实的美妙香味天差地别，让人无法忍受。以同样的价格，一些口蘑炖煮后的味道远远好于这些低端松露调味油。如果你要给米饭加盐，那又何必多此一举购买天然香米（比如印度巴斯马蒂香米）：这种米的精妙之处在于它若有若无的香气，加盐只会掩盖、破坏这一点。让我们重新发掘这些隐匿的味道吧。对一些我们觉得徒有香气却味道平淡的食物，与其加入重盐、重糖调味，不如细心品味它的芬芳，品尝它的肌理。正是在食物与嘴巴、舌头、味蕾、牙齿的碰撞中，我们得以享受与食物亲密接触的乐趣。

如今，法国大厨们也接受了"原味"哲学。如果你的巧克力品质一流，味道均衡（和葡萄酒一样，巧克力也讲究"顶级产地"），为什么还要把它溶化，加入咸蛋白、蛋黄、糖和黄油，制成巧克力慕斯呢？现在，我们拥有各种各样的现代科技（虹吸、高压喷注、真空罩），能去除食物中大部分影响味道的成分和添加剂，优化食物口感。这正是我们与CFIC的提耶里·马克斯的研究方向之一。

除此之外呢？

我们拥有的感受器多达数百万，或许也需要同样数量级的词语才能准确描绘每一种感觉。这一点显然无法实现。于是，人们提出了许多种分类方法，并试图对它们进行定义，却始终无法达成共识。有一点需要再三申明：**"四原味"分布地图是完全错误的。**

在酸、甜、苦、咸之外，别忘了还存在第五种味道——"鲜"。味道的世界也远远不止于此，相比于"酸""甜"，或许"酸们""甜们""苦们"更为准确。比如，柠檬酸、苹果酸、抗坏血酸（维生素C）的味道就全然不同。因此，有多少种酸，就有多少种酸味！咸来自氯化钠，但氯化钾同样带有咸味。奎宁、抱子甘蓝和尼古丁各有各的苦法。除了谷氨酸钠，谷氨酸（谷氨酸盐对应的酸）和数十种其他分子（丙氨酸、丝氨酸、肌苷酸二钠……）也都能产生鲜味。

你喜欢的滋味

　　滋味，是气味和味道的共同体。科学家们也在试图给出这个词的定义，并研究它的用途。

　　通常来说，我们认为滋味是通过以下方式获得的感知的合集：

　　嗅觉（包括鼻前通路和鼻后通路）；

　　味觉（口腔中的味蕾和味道感受器）；

　　作用于三叉神经的外力（刺激，判断温度和酒精浓度）。

　　最后一个问题：我们该把谷氨酸归于酸味，还是归于鲜味？显然，这个分类方法行不通！金属味、木香、青草香、辛辣、油腻、冷、热……这些味道无法用一个方案简单分类。那么，我们要讨论第六种、第七种，甚至第八种味道吗？在舌头上设置 n 个分区并无意义。我们姑且认为，对于特定的味道，一些区域比其他区域更加敏感。同时，尽管味道之间的细微差别十分重要且不容忽视，但我们可以简单地将一些味道归于一类，比如氯化钠和氯化钾的区别并不大。摆脱僵化分类的方法之一，是用基础味道（或主要味道）和次要味道来描述食物和菜肴的滋味和香气。奶酪初入口时奶香四溢，紧接着带上了一些动物"皮"的气息。可可含量为 90% 的巧克力除了苦味之外，还可能有木香、烟熏感和甜味。新鲜的姜末起初味道辛辣，随后却会有花香……

第 2 章

萦绕于心的前调

烹饪是香水的近亲。烹饪名家和调香大师在实现
创作的过程中，既调动了自己的身体（感觉器官），也
使用了自己的灵魂（记忆、艺术造诣）。这两个领域都
利用语言、气味和词句之间恰如其分的组合来讲述
"故事"。在这里，我们想将这两个领域联系起来，建
立起一种烹饪香水学。同样的气味，来自同一种分子；
而在这些同样的分子背后，又是同样的化学。让我们
进入嗅觉、味觉、触觉快感背后奇妙的化学世界吧！

烹饪香水学

在谈及香水和美食的共同点之前,让我们先谈一谈二者的不同之处。首先,食物既可闻其香气,也可品其味,香水却只能嗅闻,不可食用。从这个意义上来说,美食是可食用的香水。然而,由于香水极易挥发,在口中难觅踪迹,例如玫瑰气味极佳,但用玫瑰汁为奶油(奶油糕点、焦糖布丁……)调味却很难实现,因为剂量难以把握,要么太过平淡,要么使用人造香精导致味道过于浓烈。虞美人香和紫罗兰香也面临着同样的难题。或许,一边呼吸新鲜花朵的芬芳,一边食用微甜的未调味奶油,才更为恰当。化妆品行业使用甜品中的香味(桃 – 香草、梨 – 焦糖……)使产品更为诱人:沐浴液不可食用实乃一大憾事!由这两个例子可以看出,同时食用和吸入一种香味并不容易。卡地亚的调香师马蒂尔德·洛朗(Mathilde Laurent)强调:"其差别在于,我们拥有的原料远多于厨师。我们拥有一个更抽象的'香味轮',不能一目了然,也难以启发创作。厨师能从当季食物中汲取灵感,而我们面对的却是一个无形的、冷淡的香味轮——他们只会在特定的时节使用芦笋,而我们一整年都能用乙酸苄酯重现茉莉的香气。"

事实上,调香师们的工作便是将多种原本各自独立的化合物溶解于溶剂(通常为酒精)中,并通过不同的组合方式来谱写香味的和弦。一颗草莓本身具有的香味分子就多达 350 种，因而佳丽格特草莓、夏洛特草莓和马拉渡斯草莓的味道可以存在极细微的差别。甜品师需要辨别出哪些气味分子会"脱颖而出"，哪些气味分子能与其他食物"打配合"。从化学角度来看，草莓 – 菠萝、草莓 – 罗勒、草莓 – 梨都是极佳的组合。这是因为，如果调香师的创意和配方与厨师是相似的，都是利用香气谱写和弦、讲述故事，那创作背后的化学原理也应当是一致的：往往都是相同的分子刺激相同的感受器，并以相同的方式作用于我们的大脑。正是基于这样的原因，厨师可以通过了解分子的化学结构，预测最好的组合方式，设计前所未有的配方，并创造出全新的食谱。香水和烹饪有许多相同的参照物，而二者之间知识与技巧的共享又能带来进一步的创新。这种烹饪与香水的结合会将我们的感官体验推向制高点。例如，提耶里·马克斯的"依兰 – 依兰"是一道不可思议的甜点——在依兰香味的糖霜泡沫之下，包裹着牛油果泥和西柚味意式奶冻。用液氮制成的冰沙疏松轻盈，加强了依兰香的挥发性，进而巧妙地平衡了牛油果香的馥郁绵长，而西柚的酸苦味道又突出了甜点的口感。

菜肴创新

旱金莲和三色堇的花朵可以作为沙拉食用，薰衣草花则被加入糕点或泡入茶中。我们其实已经在食用香味了！或许，我们还能更进一步：创造气味分子和味道分子的和谐搭配，获得味觉和嗅觉的同步享受。要实现这一点，还必须要选用能在鼻后通道迅速释放出香味的食物结构（细腻的果冻、半凝结的胶质、液态酱料和果汁）。

桂花和杏拥有相同的分子，这使得二者的组合有着和谐的口感。紫罗兰和玫瑰可以和红色水果、番茄和布里干酪构成美妙的组合。石竹既是柑橘类水果的好搭档，也是家禽肉、三文鱼的理想搭配。玻璃苣经碘化处理后，可与牡蛎、藻类或荔枝配合食用。绣线菊、杏子和扁桃仁都具有"香豆素"的味道——这也是顿加豆的特征气味，它们组合起来很是有趣。最后，松木、雪松等植物的树脂气息，佐以文火煨炖的红肉，也十分美妙。

香味金字塔

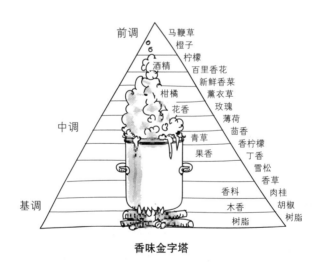

香味金字塔

一款香水包含了三类分子：会在前两个小时内挥发殆尽的前调分子、能持续长时间（2 到 6 小时）的中调分子，和构成 6 小时后余香的基调分子。虽然在烹饪过程中，香味分子的挥发通常更快，但我们也可以与香水进行类比，将这个过程涉及的香味分子分为香味金字塔的前调、中调和基调三层。同时，我们可以直观地将这个金字塔视作烹饪时的平底锅：底层的分子由于体积大、质量重，无法从酱料中逃脱；顶层的前调分子易挥发且不稳定，遵循着"香气"一词的本义，四散弥漫在烟雾中；中部分子则全部构成中调。"把酱料浓缩为三分之一"的说法，意味着香味分子中的三分之一浓缩并留在平底锅底，另外的三分之二则化成蒸气消散在厨房的抽油烟机中。有时候，对于一道菜肴来说，特定分子的散逸是有好处的。但如果那些香味浓郁的分子，以及那些能带来清新气息，抑或是散发着花香、青草香和植物香气的分子在就餐时已消散殆尽，也颇为可惜。这些分子是具有香味的有机化合物，由长链组成，因此通常具有亲脂性。它们可以吸附在衣服的人造纤维和其他织物中，隐藏在你头发的角蛋白中，但唯独不能留在菜肴里。

尽管如此，厨师们可以依据科学数据修正配方，在合适的时刻加入食材。尽管描述一种分子的挥发性本身并不容易，一种食材通常也包含着上百种挥发性各不相同的分子，但我们还是可以辨认出食物的特征分子。如果厨师加入了龙蒿，那带来青草的凛冽气息、还微微散发茴香味的分子主要就是草蒿脑。化学家们知道草蒿脑于48℃挥发，便会建议厨师最后放入龙蒿，使得味道以最大程度浸润其中。

因此，我们可以依循这样的金字塔形逻辑解读食谱：首先加入的是蕴含基调的食材，随后是富含中调的食材，在"最后一刻"才放入散发前调的食材。好的食谱通常都是有意或无意按照这个逻辑设计的。它们在一代又一代的实践中被不断优化。以咖喱鸡肉为例,首先要用热油翻炒香料,随后加入蔬菜、鸡肉和椰奶,最后在关火上菜前再撒上切碎的香菜——完工!这种工序划分广泛存在于炖菜、焖肉、火锅等许多菜式的食谱中。只是,若想进一步优化,或许应该分两次调味,在不同阶段分别放入不同的蔬菜,而不是一股脑全部放入;可能还要提前浓缩或让料酒燃烧以除去多余的酒精(酒精会让肉脱水硬化)。

这样的"分子料理"并不比"传统烹饪"更加复杂,它只是用现代知识、科技更新了食谱。既然我们已知草蒿脑于48℃挥发,为什么还要在配置三文鱼段调料(火葱末、白葡萄酒、奶油)时,一开始就加入龙蒿呢?酸菜三文鱼也是同样的道理。酸菜中的特征分子比龙蒿中的更不稳定,在装盘时才能将它调入酱汁。我们掌握了糖的烹调程度(糖浆、糖丝、糖球、糖粒、焦糖),应该了解所用食材的临界温度:龙蒿(草蒿脑)为48℃,百里香(百里酚)为233℃,顿卡豆(香豆素)为300℃,鼠尾草为95℃……在最佳烹饪温度(蛋黄为68℃,"玫瑰"牛肉为52℃……)的配合下,掌握这些临界温度能让味道和口感实现最佳融合。有些人声称忠于"传统烹饪",反对"更理性"和"分子化"的现代料理,他们总是提出"原料至上,去技巧化"的诉求,把传统和创新对立起来。愿他们能够了解到,清楚组成成分和临界温度才是真正尊重食材,才能最大化激发味道,令食用者享受到美妙口感。

基调和前调……

烹饪与制造香水类似，这里有几个小窍门，我们可以赋予菜肴以食物的最佳滋味。

- 香兰素在 285℃以上的高温依然能"坚守阵地"。在牛奶中加入香草荚并长时间煮沸，能尽得其中滋味。

- 大多数香料中的分子在 250℃～300℃也能保持稳定。焙炒之后，它们会发生梅拉德（Maillard）反应，具有类似面包皮、烘焙咖啡和烤肉的味道。在大多数情况下，我们可以在烹饪之初就加入香料。

- 绝对不能将香草（香菜、龙蒿、莳萝、小葱、罗勒、香叶芹……）加热至 45℃以上。超过临界温度后，许多分子会挥发。最好将这些香草切碎后撒在盘子上，加入酸醋汁或蛋黄酱（比如芥末蛋黄汁），或稀释后倒入热平底锅（比如酸菜汁和龙蒿汁）。

- 柑橘的清新感主要来自其中的酸和精油。柠檬酸在 110℃～130℃便能分解。加热柠檬片能快速破坏细胞，释放精油，而过度加热却会导致香味迅速分解。柠檬烯于 46℃挥发。因此，一杯柠檬汁煮沸后会失去酸度，变得寡淡无味；把柠檬片长时间浸泡在沸腾的牛奶中，它的酸味也会所剩无几，只剩下不挥发的苦味化合物。

- 百里香和月桂是不可或缺的两味调味香料。其中的百里酚和香叶醇能分别在233℃和220℃保持稳定。在制作火锅、炖肉等需要长时间烹煮的菜式时，可以在料理之初就加入香料。它们也可以充当烤鸡的调味料。然而，这两种香料中都含有在50℃左右挥发的精油。香料越新鲜，精油的挥发性就越强。如果你想要强化百里香或月桂的味道，那么就在进行最后一道工序时再加入细碎的香料（比如用纱布包裹住放入），以释放精油，带来清新气息。至于百里香的花朵，则不能加热。

- 和大多数蔬菜一样，芹菜和韭葱中的许多分子能在75℃～150℃保持稳定。当温度达到约80℃时，蔬菜中的纤维素水解，开始烹煮进程。但不能煮至沸腾，否则将有气味分子蒸发散逸。煮汤时，芹菜梗应在一开始就迅速放入（和葱白作为调味料时的用法相仿）。随后，在烹饪快要结束时，加入芹菜叶（或葱绿，芹菜中含有龙蒿素，葱绿具有叶绿素和青草的味道）。

- 大蒜和洋葱通常在烹饪之初用油长时间煸炒。在这个过程中，它们会释放极易挥发且气味浓郁的硫化物分子。大蒜素受热后也会分解。因此，随着烹饪的进行，熟大蒜的刺激性越来越弱，并渐渐变得芳香扑鼻，甚至味道甘甜（中调和基调）。如果我们恰好想要保留新鲜大蒜的刺激性，就不能将其加热。折中的方法是先烹煮一部分，在结束时再加入一些新鲜压榨的大蒜汁。总的来说，熬汤时可以采用"分两步走"的方法加入蔬菜：先将一部分煸炒出水，在出锅前几分钟再加入剩下的部分。后者既可以采用浸泡的方式（裹在纱布里），也可以使用新鲜榨取的汁液。

香水还是香料？化学家有话要说

化学家首先关注的是气味分子和味道分子。无论是被应用于化妆品制造还是饮食烹饪，这些分子都拥有相同的物理化学性质，其中的许多分子会以完全相同的形式存在于这两个领域，柠檬烯、乙基香兰素、芳樟醇和生姜中的橙花叔醇都是如此。这并非巧合：香水业会借用许多有关烹饪的形容词，比如海洋、果味、辛辣、芳香或美食；反过来，谈及菜肴和葡萄酒时，我们也总是会提到矿物味、树脂味（松木、雪松）、木质香或青草香。既然修饰语是通用的，那么相应的分子也应有共通点。共通点都有哪些呢？化学分析显示，这些分子具有共通的三大类特质，包括挥发性、亲水性（对水分子有亲和性）和亲油性（对油性物质分子有亲和性），能与我们的感受器发生反应。

挥发性

化合物的汽化取决于分子的沸点、气压、摩尔质量和闪点。挥发性定量地描述了分子逸散的能力，本身并不是一个化学属性。香味分子脱离食物并弥漫开来，最终到达我们的感觉器官。我们需要结合多个物理化学特征，才能将"挥发"这种属性定量化。

亲水性/亲油性

味道分子需要载体和传播媒介，因而得溶解于水或油性物质。如果油有味道，那么结构水也有味道。即使是依靠我们的身体，若想识别分子的味道，也需要分子可溶于油或者水，并能在其中与我们的细胞发生反应。布里亚-萨瓦兰在《味觉生理学》一书中写道："味道是无穷无尽的，因为每一种可溶物质都有其独特的、完全不同于其他物质的味道。"在这个意义上，金属既不能溶于水，也不能溶于油，它便应当没有味道，我们也不具有将其溶解并识别的生理功能。那么，我们所谈到的"金属味"，不就应该是一个悖论吗？

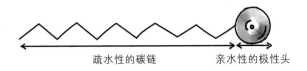

疏水性的碳链　　　　　　亲水性的极性头

若溶解并分布在唾液中的味道或气味分子想到达感受器，还得先后穿过黏液和上皮细胞层。这些分子应当或多或少具有与水或油脂亲和的能力，才能依靠转运蛋白到达黏液（黏性分泌物）。亲水性并非必要条件，例如橄榄油完全是非极性（疏水性）分子，但我们也能很好地感觉到它的味道。

反应性

　　分子溶解并扩散至感受器之后，下一步面临的就是识别问题。一种感受器能感知数种分子，每种分子也对应着数种感受器。我们的身体对于特定香味的敏感度，也因分子所对应的感受器的多少而异。

味道分子和气味分子

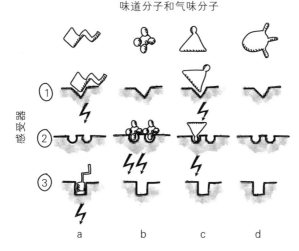

味道分子和气味分子 a 和 c 可被数种感受器识别；b 只能与特定的一种感受器匹配；d 分子无法被识别，对于人类来说没有味道

　　一般来说，化学结构相似的分子拥有相近的气味。但正如下页图所示，它们也可能存在许多细微的差异，甚至出现气味完全相反的现象。

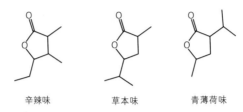

辛辣味   草本味   青薄荷味

三种化学结构相似，但气味不同的分子

糖玫瑰

我们时常提及一些气味分子和味道分子之间的相似性，但它们分别对应的感受器可能大不相同。玫瑰花香袭人，但捂住鼻子后（以确保只有味道分子的作用），咀嚼花瓣时只能在口腔中感受到极其微弱的味道。与之相反，糖、盐或碳酸氢钠闻之无味，尝起来却味道强烈。

镜子啊，镜子……

更让人惊讶的是：几乎完全一样的分子结构，有时却对应着全然不同的气味。这个现象主要源自不同的分子构型。

我们的左右手互成镜像，却不能重合：这个构型的差异被称为手性。在化学领域，手性广泛存在于多种有机化合物中。比如，柠檬烯分子呈现为两种对称的构型：左旋（R）构型具有柠檬的味道，右旋（S）构型则具有橙子的味道。左右之间还可能存在更大的味道差

异。以香芹酮为例，其两种构型的分子味道截然不同，R 构型是
薄荷精油的气味来源，S 构型则是葛缕子 / 莳萝气味的特征分子。

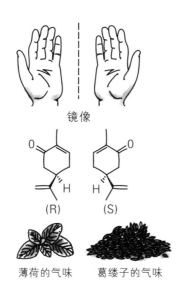

镜像

(R)　　　(S)

薄荷的气味　　葛缕子的气味

相同的结构，不同的对称性——以香芹酮为例

　　α – 紫罗酮的 S 构型具有木香气息，R 构型则具有覆盆子的果
香余韵。1– 对孟烯 –8– 硫醇的两种构型带来的气味更是大相径
庭：S 构型呈现出令人作呕的硫化物气味，而 R 构型却散发着西柚
汁的清新气息。2– 甲基丁酸也与之类似，S 构型带有令人愉快的果
香，R 构型的气味则被形容为"与乳酪的酸臭无异"。最后值得一提
的是，芦笋中的 L – 天冬酰胺，其镜像 D – 天冬酰胺分子味道极甜。
这些经验显示，我们的味觉感受器也能识别分子的对称结构。一把
钥匙的镜像无法匹配原来的锁，味觉感受器也是如此。

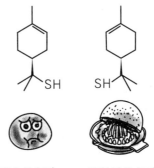

恶心的气味　　西柚汁的气味

相同的碳骨架结构，不同的对称性——以 1- 对孟烯 -8- 硫醇为例

如何将感受量化

无论是陈酿还是新酒，对酒香的定量描述都需要建立在共通的体验和词汇体系之上。由于品酒是一项主观性很强的活动，所使用的定量词汇需来自所有人共享的嗅觉经验。

嗅觉测量法是一门测量气味（浓度、余味……）和衡量个体嗅觉能力（敏感性）的学问。色谱分析虽然可以识别分子种类，但电子鼻既不能重现感受器的饱和效应，也不能模拟我们对某些微量分子的敏感性（感知阈值）。想要恰如其分地描述一种食物的香味，得在不同测量工具（气相色谱法、质谱法）和（试验者的）感官分析得到的结果之间进行交叉比对。在下文中，我们将对用于定量描述蒸发现象，也就是化合物芳构化（挥发性）的主要物理化学参数，进行更为具体的介绍。

化学平衡问题

饱和蒸气压

　　饱和蒸气压指一种物质在液相、气相达到平衡态时的气体分压。举一个简单的例子：将一个装满水的杯子放置在玻璃钟形罩下。在接下来一段时间内，杯子上方不断富集的水蒸气和液态水不断趋于平衡。约一小时后，平衡态形成。如果在 4 至 12 小时内返回，你就会发现杯中水位不变。反过来，若拿掉玻璃钟形罩并重复这个过程，你会发现，杯中的水随时间流逝逐渐消失：它们一点一点化为蒸汽，汇入了房间内的空气中。由于屋内空气总量庞大，平衡态遥不可期。最终，杯子里的水会在几日后消失殆尽。许多人利用这个现象，将一小杯水（香水或清水）放在房间的散热装置上，以达到为卧室加湿，或为客厅增香的效果。这个过程不涉及水的沸腾，在常温下，水就能不断转化为水蒸气。其间，蒸气压小于饱和蒸气压，于是液体（或固体）向气态转化。

　　反过来，若蒸气压大于饱和蒸气压，部分气体就会液化（或凝结），以重新达到平衡态。水汽、云的形成（与雨相反）和霜都反映了这个现象。

温度、大气压，甚至体积和容器表面积的变化，都会对蒸气压产生直接影响。葡萄酒的品尝习惯也是依循这些物理化学参数而产生的。分子的扩散不仅受到本身挥发性的影响，还受制于杯子大小、形状和杯口面积。酒的蒸发也直接取决于每一种组成分子的蒸气压。

球形高脚杯杯口狭小，空气被"禁锢"在液体上方，从而"抑制"了香味的挥发。反之，杯口宽阔的大口径杯型与外界气体的交换面积更大，则会有助于香味的消散。葡萄酒氧合作用的发生依赖于这样的交换面积。因此，若将一杯波尔多顶级葡萄酒分别倒入球形杯、笛形香槟杯和马提尼浅口杯中，会品味出不同浓度的香味。勃艮第或霞多丽葡萄酒应用球形杯品尝，能浓缩香味，抑制气体交换；波尔多葡萄酒则应倒入更瘦长、开口更大的酒杯中。至于香槟，基于类似的原因，不应使用大浅口杯或过于细长的笛形杯。

沸点是另一个重要的物理化学性质。它描述的是香味液体转化为气体，从而被吸入、嗅闻进而被识别的能力。因此，单单凭借这个标准，并不足以说明香味的挥发性和感知阈值。

沸腾

当温度到达沸点时，饱和蒸气压等于大气压。因此，在
100℃和标准大气压下，水沸腾形成蒸汽。对于其他纯净物，
也应当认为液体和气体之间存在平衡态，并且后者视温度和
压强而定。低沸点通常对应高蒸气压。气味分子的汽化取决
于这些参数。具体来说，若一个物体气味宜人，那是因为它
的一大部分分子已经汽化，变为气相。这通常也意味着它的
沸点较低（乙醚就是一例）。反过来，油的沸点很高，所以常
温状态下香味微弱，加热后人们却能闻到油炸的味道。随着
温度改变，平衡态下的液体和气体中的香味分子比例也不断
变化。

	摩尔质量（g/mol）	沸点（℃）
薄荷醇	156	212
香兰素	152	285
香豆素（顿卡豆、扁桃仁）	146	302
蒎烯（松木、树脂）	136	156
柠檬烯	136	176
丁酸乙酯（菠萝香精）	116	121
乙酸（醋）	60	117

蒸馏

许多世纪以来，人们一直使用水蒸气蒸馏法来分离精油和香水。不同分子的沸点各不相同，这是分离（被称为"分馏"）得以实现的主要条件，但有时也需考虑其他因素。为说明这一点，我想要援引下面两个例子。

（1）乙醇的沸点约为78.4℃。加热水和乙醇的混合溶液时，首先汽化的是酒精相，与酒精具有强亲和性的分子也会随之汽化。通过这种方式，我们获取了前调分子。比如，干邑白兰地酒的馏出液带有强烈的白兰地气味，而剩下"有待提取"的液体则呈现为棕褐色，不含酒精，集中了单宁和其他大质量分子。

在这个例子中，分馏就是依靠分子的不同沸点进行的。干邑白兰地的蒸馏，在于将酒精和香料从富含其他香料和色素的水中分离出来。

（2）薄荷酮是几种薄荷（包括胡椒薄荷）的成分之一，可通过水蒸气蒸馏法从胡椒薄荷精油中提取。薄荷醇溶解于精油中，蒸馏时可以同时得到回收。但是，薄荷醇的沸点约为212℃，远高于水沸腾时的温度。

这个例子更为复杂，它说明沸点不同并不是分馏的必要条件。我们还需将相对分子质量和亲水性或亲油性纳入考虑。

相对分子质量和挥发性

　　摩尔是用来表示原子或分子等粒子数量的基本单位。依据定义，1 摩尔等于 12g 碳 −12 所含有的原子个数，即约 6.022×10^{23} 个原子，也就是阿伏伽德罗常量。因此，碳的摩尔质量为 12 克每摩尔，记为 12 g/mol。聚合物由大量原子结构单元组成，具有非常大的分子量：白蛋白的摩尔质量约为 65 000 g/mol。换言之，因为白蛋白分子又大又重，65kg 的白蛋白中所含的分子个数，竟只和 12g 碳中的碳原子个数相同！

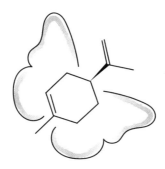

　　小质量分子更易挥发并到达我们的感受器，这一点从直观上很容易理解。然而，如果分子的挥发性过强，味道很快便会消散殆尽；如果分子的质量太大，就难以汽化，而会形成基调，持久长存。因此，我们通常选用摩尔质量适中的分子。大多数调制后能"很快闻到味道"的气味摩尔质量都比较适中，香兰素（152 g/mol）、薄荷醇（156 g/mol）、醋（乙酸，60 g/mol）等分子都是如此。柠檬、橙子和橘子中含有的柠檬烯（136 g/mol）质量轻，极易挥发，因此具有很

低的感知阈值。所以，甭指望能在会议室或电影院里偷吃橘子而不被发觉。

> 锅里开始沸腾。过了一会儿，馏出液先是一滴一滴落下，接着汇成细流，涓涓流入摩尔人头状蒸馏器中。[……] 但是，蒸馏液渐渐分离出两种不同的液体：下面汇聚着花草的汁液，上面浮着一层厚厚的油。
>
> ——《香水》，帕特里克·聚斯金德（Patrick Süskind）

闪点

所谓"闪点"，是指可燃性液体挥发出的蒸气与空气混合形成的可燃性混合物在达到足够浓度后，能够遇火闪燃的最低温度。我们使用的不是单一纯净物，因此不会燃烧，但这个物理化学性质依然大有深意。我们在下面列举了一些"闪点"的数值来证明这一点：

- 柠檬烯：约 46 ℃；
- 糠醛（扁桃仁、烤面包、桶酿白葡萄酒气味的有效成分）：约 60 ℃；
- 己醇（清新的味道）：约 63 ℃；
- 顺 -3- 己烯醇（叶绿素、割下的青草和草木的味道）：44 ℃。

这些温度都很低，远低于常规烹饪温度和水的沸点。

感知阈值

感知阈值是一个纯粹生理性的参数，因人而异，却对感受有着举足轻重的影响。它与气味浓度无关，而是取决于个体的敏感程度。嗅觉敏感者很快会因为气味达到他的耐受度而感到窒息，而迟钝者则始终不能觉察到若有若无的香气。即使浓度相同，不同的人感受也会大相径庭。以丁酸为例，只有不到 10% 的人能分辨出其中的醋酸味，剩下 90% 左右的人则会认为其"烂纸箱与呕吐物"的气味令人作呕。如果说对气味的感知是生理性的，那产生的情绪则完全与文化有关了。

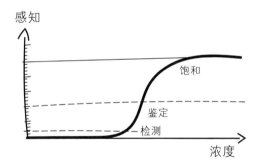

随着味道分子浓度上升直至饱和，感受器先检测信号，再鉴定物质种类。达到饱和状态后，无法再对浓度变化进行定量描述

此外，要想准确鉴定分子种类，分子浓度须高于感知阈值（通常为阈值的 10 至 100 倍）。感知阈值只是提供了一个参考，让你知道"闻到某种味道了"，却不能告诉你"闻到的是什么"。

最后，正如我们提到的，运输香味分子的传送介质发挥着至关

重要的作用：油、水、空气 – 乙醇蒸气混合物……同种分子在不同
介质中对应着不同的感知阈值。

常见分子的感知阈值①（20℃，水）

分子	感知阈值（ppm）
乙醇（纯酒精）	100
乙酰基吡嗪（烤玉米）	62
α – 紫罗酮（紫罗兰）	60
麦芽醇（麦芽、熬煮的糖的气味、烧烤）	35
2- 乙基 –3, 6- 二甲基吡嗪（泥土、烧烤）	9
2, 5- 二甲基吡嗪（炸土豆）	2
丁酸（烂纸箱）	0.2
香兰素	0.02
二甲基硫（卷心菜、芦笋……）	0.02
2- 异丁基 –3- 甲氧基吡嗪（红椒）	0.002
芳樟醇（薰衣草、薄荷、香柠檬）	0.006
4- 巯基 –4- 甲基 –2- 戊酮（瓶塞、霉）	0.000 15
呋喃酮（焦糖的气味）	0.000 04
2, 3, 5- 三甲基吡嗪（土豆、烤榛子）	0.000 002

一些分子以极低浓度存在时就能被检测到。这儿采用了"顺势疗法稀释"②的
方法，得到的浓度相当于将几毫克的物质稀释于奥运会游泳池中。这些例子
说明，人类的鼻子和味蕾是多么了不起啊

---

① 数据来源：本利斯（Belitz）和格罗斯（Grosch），1987，2009。
② 即将物质用酒精或蒸馏水稀释，然后剧烈摇动。——译者注

瓶塞的味道

瓶塞（霉、泥土）的味道主要来自 2, 4, 6- 三氯苯甲醚（TCA）。这种分子从软木塞进入酒中，并让酒沾染上它的气息。它的感知阈值很低，每升酒中只需含有 2 至 10 纳克就能完全改变酒的香味。通风后，味道还会进一步加强。目前尚无特效方法除去这个多余的味道，倒是有个"左道旁门"的法子：将葡萄酒倒入塑料袋，进行倾析。这是因为 TCA 的化学组成与聚乙烯十分接近，甚至可以与它结合。将酒倒入聚乙烯塑料袋中并静置几分钟，TCA 更倾向于离开由水和酒精组成的葡萄酒，转而与塑料分子纠缠。为了挽救一瓶佳酿，这个方法值得一试……

糟糕的室内香氛

祖母向我们传授了许多秘诀，各种博客、图书也总在孜孜不倦地推荐着碳酸氢钠和醋：无论什么年代，也无论什么传播媒介，糟糕的室内香氛创意总是层出不穷。有一点可以肯定：如果我们对那些"独家秘方"和"绝对行得通的法子"统统来者不拒，那最终得到的"香味"必定倒人胃口，无异于一场灾难。哪些是真实可信的，又有哪些只是都市传说？让我们试验一下。

传说一：**白醋**能吸收油炸味、干酪味和鱼腥味，所以可以用加水煮沸后或几乎纯净的白醋擦拭冰箱。但实际上，乙酸只是以自己强烈的气味掩盖了冰箱的味道，并迅速让我们的嗅觉感受器达到饱和状态。

传说二：**若冰箱里某种食物味道很重，可以在它旁边放置一杯牛奶吸收异味**。其实，黄油作为另一种乳化剂，也能达到同样的效果，并对吸收亲水性分子更为有效。最大的问题在于，这也是蒸气压的把戏，然而我们永远不能达到平衡态。所以，油性物质永远无法"完全吸收"异味。

传说三：**一个柠檬、3 ~ 4颗丁香，就能轻松去除"冰箱味"**。丁香确实是一种灭菌剂，加热后也的确会发出香味。但，冷藏呢?

传说四：**将碳酸氢钠撒在垃圾桶底部，或把它装入小碗放在冰箱中，能吸收异味**。就这一点来说，猫砂具有吸水性，可溶性更低，也能达到同样的效果。粉末状物质增大了交换和吸收面积。

传说五：**精油能改善厨房和垃圾桶的气味**。和白醋一样，我们其实只是用一种味道掩盖了其他的味道，并没有发生奇迹。

传说六：**把咖啡渣放在小杯中能吸收异味**。和碳酸氢钠一样，咖啡渣背负了我们太多的期望：打磨平底锅、抛光家具、清理烟囱（这一点存疑，因为细颗粒会粘在管道上）、疏通盥洗池（尚未验证，因为它的碱性不如碱洗槽）。

传说七：**焙烤面包可以消除厨房异味（油炸味、鱼腥味，等等）**。同样，在这种情况下，异味只是被其他味道掩盖了（而且其他味道还可能有毒！）。

在冰箱这样的密闭空间中，各种食品应该彼此独立密封存储。

同时，冰箱还需要定期清洁。不要期待奇迹的发生：用更强的气味来遮住其他味道绝非良策！我们不能指望通过客厅里分子间的"厮杀"来消灭糟糕的气味，柠檬皮、碳酸氢钠和白醋对此皆无计可施。保持良好的通风反倒是更有效、更健康的方法。香薰蜡烛和香（姑且不论其毒性）什么也吸收不了，只会让室内气味更混乱、复杂。最简单的方法是打开排气罩，通过内外循环来改善室内空气。如果碳酸氢钠、柠檬皮和咖啡渣真的如此有效，那它们为什么没有取代现有的活性炭，成为制造排气罩滤芯的原材料呢？

通用的描述

"这让我想起了……""还有点儿像……""我知道这是什么，但是……"，类似的说法不胜枚举。谁没有在辨认一种味道、一款香水，或是试图准确命名某种情绪的时候，遭遇过词不达意的困境呢？通过对香水、食物香料、葡萄酒相关数据的交叉印证，我们可以找到它们的"公分母"。这将有助于我们更好地描述菜肴、饮品和气味。

味道的描述

酸味	蜜汁味（蜂蜜、糖、糖浆……）
酒精味（伏特加、白兰地等首先挥发的气味）	矿物味（酒、硬水……）
发酸（内酯）	霉味（瓶塞、泥土、酚）

（续）

涩（相较于单宁、柿子、酸模、醋栗和鲭鱼、大黄、芝麻菜……）	芥末味（芥末、辣根）
大蒜味（大蒜、辛辣）	坚果味（巴旦杏、花生、榛子……）
巴旦杏味（甜、苦、花香）	烤洋葱味（烤肉）
龙涎香味	酚味（单宁）
苦味（啤酒、茶、可可、咖啡、氯化钙……）	辛辣味
氨水味（鱼）	猫尿味（黑加仑芽、白苏维翁葡萄、尿素衍生物、肾脏）
动物气味（动物、野兽、龙涎香、麝香、巴豆……）	土豆味（块茎）
茴香味（茴香、茴香酒、八角茴香……）	脂粉味
香蕉味	热解味（沥青、烟、烘焙、烧烤、烟草……）
香酯气味	加盐的、盐渍的（鳀鱼、盐水……）
香柠檬味	肥皂味（肥皂、碳酸氢盐）
木香（桦树、忍冬、针叶树、檀香、香草根、木桶……）	硫化味（卷心菜、芦笋、西兰花、水煮蛋、硫醇……）
樟脑味（迷迭香……）	甘草味
焦糖味（甜、焙烤-热解）	树脂味（冷杉、松树……）
肉制品味（黑布丁血肠、肝、猪肉……）	单宁味（葡萄酒、涩……）
化学气味（酚、溶剂、塑料、润滑油……）	焙烤味（与焦臭味相对）
蜡味	松露味（果味、黑加仑、蔓越莓）

（续）

丁香味	鲜味（绿茶、藻类、肉类、谷氨酸钠、浓汤宝……）
香豆素味（顿卡豆、果核……）	香草味
皮革味（威士忌、基酒……）	醋味（乙酸、香酯味、赫雷斯白葡萄酒……）
焦臭味（烟、烤物、皮革、烤面包、桶、焙烤）	植物味（芹菜、黄瓜、茴香、蒲公英……）
桉树味	青涩味（青豆、豌豆、紫苏，与草本味相对）
香料味（胡椒、桂皮、孜然、丁香、肉豆蔻……）	肉味（生肉、熟肉）
醚味（与化学气味相对）	

　　我们可以参照这个表格描述第一感觉，并依据香味的种类检索食物。这些形容词帮助我们对食物进行分类，或许能让我们更好地理解某些食物相生相克的原因，学会协调组合同一主题的不同味道（花香、皮革味、青涩味……）。

　　接下来，如何品鉴各种味道的细微差异，则是任君发挥了。比如，在进行第一层分析时，烤面包具有焦味，这和焙烤、烘焙和梅拉德反应的产物属于同一类别。随后进入第二层：咀嚼。在这个过程中，依据面包种类的不同，你可能会分别感受到坚果、酵母或甜麦芽的滋味在味蕾上跳动。如果面包烤得太过，你还会察觉到烧焦的味道，这属于热解类气味。从火炭产生的味道中，我们分辨出和（过度）加热分解（纯净物、裂解）相关的分子的气味。除此之外，还有同属热解类的烟草、烟雾、烧烤的味道。糖浆在不同的烹调程度下，经历了由甜味（温度低于140℃）到焦糖味（150℃至180℃）再到热解味（温度高于200℃）的蜕变：随着温度的升高，甜味越来越弱，焦苦味则不断增强。

黑加仑、猫尿和侍酒

"猫尿"味常被用于形容黑加仑芽、某种白苏维翁葡萄酒、桑塞尔白葡萄酒的味道和红酒的果香。其中的主要成分是具有挥发性的硫化物——硫醇。它们在酒精的发酵过程中形成。反过来，与硫醇类似的分子自然存在于西柚和花香型热带水果（比如西番莲）之中。低剂量的硫醇散发出花果的香气，然而以高浓度存在时却会让人联想到雄猫的气息……

诸如丁香、甘草或香蕉之类的食物味道独特，独属一类。这是因为它们都具有气味显著而特殊的分子，分别为丁香酚、甘草酸和乙酸异戊酯。

香豆素则与之相反。与这个术语相关的所有物质都具有一味相同的分子。杏李果核、苦杏仁和顿卡豆（具有巴旦杏和甘草的气味）的味道都被形容为"香豆素味"。其中，顿卡豆如今是一种高级香料。它源于巴西，是图皮树的果实，内含香豆素。香豆素是一种天然存在的物质，是所有酚类化合物的味道之源。同时，我们在中国桂皮、西芹、欧防风、大花香草兰（安的列斯群岛上的稀有品种，香兰素含量低，但富含香豆素）和当归中都发现了香豆素的存在。

那么，如何用化学上属于同一香型的食物创造出前所未有的搭配，就全看你的了！我谨慎的读者朋友们，记住一条建议：顿卡豆和巧克力（巧克力慕斯、热牛奶巧克力……）是绝佳拍档。祝你有个顺利的开始……

第3章

增强、激发、调和……
开启无限可能

　　在本章中，我们将会看到食材在从原产地到餐桌，进而被食用、被品味的过程中，其味道是如何演变的。精选食材，改变它的肌理，激发并调和味道，最终绽放于舌尖之上，这就是烹饪的魔力。食材自诞生之初，到料理后成为原料，再摇身一变成为佳肴，每一步都井井有条，独具意义。尊重食材，需要掌握这个系列过程中的每一环，了解每个步骤的原理，熟知烹饪温度、食材肌理和味道。

精选食材

穆瓦萨克的莎斯拉葡萄、索姆湾的盐沼羊肉、沙罗勒的牛肉、圣米歇尔山海边养殖场的贻贝、布雷斯鸡肉……法国各地有着"原产地命名控制"（AOC）和"原产地名称保护"（AOP）[①]头衔的产品不胜枚举。名称之外，产地是首要的。为什么这些产品如此与众不同呢？

骡鸭是公番鸭和北京鸭或鲁昂鸭的杂交后代，不具有生殖能力。它天生就有着硕大的身躯和肥大的鸭肝。然而，除了人为赋予的剩余价值，决定其品质的三大首要因素分别为物理环境、生物环境和产地。土壤的酸度、矿物质含量、动物的饮食、海水的水质……这些条件联合起来，构成了特殊的地理空间，也成就了生长于斯的农产品独特的肌理和味道。在插着白色玫瑰的花瓶中滴入蓝墨水，几小时之后，"蓝玫瑰"就诞生了。植物能吸收一切，味道自然也会随着吸收的物质改变。考虑到植物体内 90% 都是水，水质和土壤质量的重要性不言自明。当然，所有有机体都能过滤吸收的液体，并将一部分排除在体外。因此，可别轻信了这个美丽的童话：喝苹果酒长大的牛犊不会从里到外散发着苹果香，就算用啤酒擦拭牛皮也不可能渗进去……不然，猪肉尝起来不就是烂泥味了吗？

––––––––––––––––––

[①] AOC 和 AOP 分别为法国和欧盟的产品地理标志。——译者注

　　然而，我们都知道，长期的饮食习惯会改变动物的肉味。盐沼羊就是其中的一个典型。在盐沼羊的培育中，选择恰当的品种是至关重要的一步，只有一种小型英国黑羊是合适的"羊选"。数十种喜盐植物是它们的"一生挚爱"，包括碱茅属植物、米草属植物、盐角草等。这些植物中的氨基酸含量很高，而氨基酸正是肉中蛋白质合成所需的化学基础。其中，有些氨基酸（比如谷氨酸和丙氨酸）以味道鲜美而著称。也就是说，这些植物中满载着鲜味分子的"先遣部队"。因此，盐沼羊不是因草场里的盐分得名，是羊儿食用的植物成就了这个地方羊肉的名气。这个例子向我们展示了"从产地到餐桌"的链条的重要性。这是个"放之四海而皆准"的道理：除了羊肉，"产地决定论"同样适用于牛肉、软体动物和水果。

激发并守护味道

　　水流淌而过，浇灌了蔬菜；蔬菜被沾着泥土的刀砍下；摘下的蔬菜在室温中躺在厨房的菜板上。我们从冰箱里拿出包装马虎的黄油，用平底锅底部微弱的热量，将蔬菜丁烤至泛黄。每一个步骤中都有几种分子在发挥作用，它们都会对最后的味道产生影响。不过，也别矫枉过正。要知道，最终味道早在这个链条的第一环就紧锣密鼓地开始生成了。烹饪中的物质是不稳定的、变化的，甚至在一定意义上是有生命力的。结果取决于先前的操作，每一步都举足轻重。

酶促褐变

梅拉德反应和焦糖化反应都属于非酶促褐变，分别与氨基酸和糖有关。不同于非酶促褐变，酶促褐变是由植物细胞中的有机化合物氧化引发的反应。蘑菇颜色变深，刚切下的苹果氧化，香蕉和鳄梨变黑，这些都是典型的酶促褐变现象。在这个过程中，食物的外观、味道，甚至营养成分都会发生变化，且通常朝不好的方向改变。因此，厨师们总是想方设法地阻止这个反应的发生。酶是这个反应背后的"罪魁祸首"，它催化了分子的氧化，促成了分子间的缔合，并最终形成黑褐色素和全新的味道。加入柠檬汁（其中的维生素 C 能"锁住"氧气），控制低温或使用氮气等惰性气体皆是抑制褐变反应的有效方法。

然而，这些反应有时又不可或缺，在它们的参与下，才能产生一些复杂的味道。比如，咖啡、茶或者苹果酒的制造过程都是如此。有的人错误地使用"发酵"来描述这个过程。发酵需要微生物的参与，这当中涉及的其实是褐变反应。举例来说，绿茶是一种未氧化茶，采摘下即可享用，也可通过"蒸汽杀青"留存茶叶的原色原味。不过，我们也可以任它自然风干。这样一来，绿茶被氧化，变成棕褐色：酶只有在有氧状态下才能发挥作用。氧气量，或者说暴露在氧气中的时间，决定了茶叶最终的颜色和味道。乌龙茶就是一例。这种茶只经过轻微氧化，和绿茶十分相像，口味清淡甘甜。相比而言，经过深度氧化的红茶，茶味更重、更苦，层次也更为丰富。我们还可以加入其他酶来加速这一过程。酿造苹果酒时，酶的使用是至关重要的一步，不仅加快了氧化和发酵（降解葡萄糖，产生味道），还能使苹果汁下胶，从而得到澄清的液体，并形成稳定的颜色。

活缔：鱼的另一种打开方式

　　和红肉不同，鱼肉无须经历数日的熟成。但是，这并不意味着鱼肉不需要特殊的处理。在大多数国家，鱼被放在船上或货架上，在缓慢的窒息中死去。日本人则不同，他们选择主动将鱼杀死。区别是什么呢？日本人使用的是一项已传承百年的技术——活缔法，其字面就是"活生生杀死"的意思。这是他们常用的宰鱼方法，能保证鱼肉细腻的质地和美妙的味道。操作的关键在于穿透鱼眼之间的头壳，破坏其神经系统，让鱼在保持心脏跳动的同时失去一切感觉。下一步是切除鱼的动脉，将鱼浸入冰水，快速排净血液。事实上，未排净的血液是鱼肉变质的主要原因。烧熟的鱼片和鱼块中灰色发苦的部分就来自凝结的血液。在日本的学校食堂里，就完全看不到味道不佳的灰色鱼块。用活缔法杀死的鱼，由于血已几乎被全部排净，味道更加鲜美，也能保存更长时间。经过这样的处理后，我们甚至还可以将鱼肉包裹在纱布中冷藏数日，让它达到进一步的熟成效果。若想验证这一点，就去尝尝日本鲷鱼寿司吧，它们入口即化。但我在法国大部分所谓"亚洲餐馆"里尝到的鲷鱼寿司，往往又干又柴。

鱼肉块，柠檬块

柠檬似乎是鱼肉密不可分的好伙伴。它不仅能提香，更是掩盖异味的好帮手：鱼肉含有许多游离氨基酸，数量比其他肉类更多，因此极易变质。甲胺、三甲胺和一些硫化物都散发着一股腐烂鱼肉的气味。柠檬除了能提供清新的滋味，富含的柠檬酸还能促进这些气味化合物的分解，从而消除难闻的气味。低温下恰到好处的熟度可以有效抑制氨基酸的分解：52℃是鱼肉的最佳烹饪温度，闻起来棒极了！

创造火热的新味道

让·安泰尔姆·布里亚－萨瓦兰曾在 1825 年出版的《厨房里的哲学家》一书中写道："我们天生就会烤肉，后天才学会做菜。"如今，提耶里·马克斯也做了恰如其分的总结："烹饪，就是掌握火、手法和时间。"

一直以来，烹饪首先就被视为烧煮、加热和准备时间的同义词。烤、煨、炖、烤、焦糖化……时间和热量的不同组合除了能改造食物肌理，还能创造层出不穷的新味道。每种模式都有其独特风味。众多反应互相独立，却又能彼此组合，构成了一幅名副其实的"化学拼图"，接下来就是几例。

烧煮和梅拉德反应

1911 年，在一场关于糖与氨基酸的反应的研讨会上，法国化学家路易斯·卡米耶·梅拉德就报告了蛋白质在有糖存在时发生的热变性现象。如今，这种带着香味的褐变过程有了一个众所周知的名字：梅拉德反应。它是氨基酸（或蛋白质）和还原糖在相遇后发生的一连串化学反应，其中都涉及什么呢？

氨基酸。氨基酸是蛋白质的基本组成单元。它是有着两极的"货运分子"，一端是氨基（$-NH_2$），另一端连着羧基（$-COOH$）。氨基酸分子之间通过肽键（$-CO-NH-$）连接。有时候，它们像火车一样连成长长的一串，就形成了蛋白质。有些氨基酸对人体来说不可或缺，却无法在体内合成，只能通过食物供给。

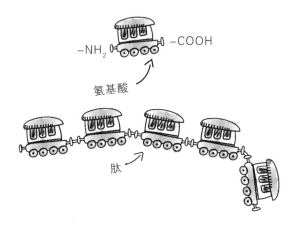

糖类。糖类的化学原理非常复杂，其性质随分子形态（构型）而变，各不相同。19 世纪，化学家赫尔曼·冯·费林（Hermann von

Fehling)提出了一种糖的分类方法。他使用的是费林试剂,这是一种用铜离子配制的溶液,能与它发生反应的被定义为"还原糖",葡萄糖、果糖、乳糖、半乳糖、麦芽糖等都属此类。蔗糖由葡萄糖和果糖组合而成,本不是还原糖。但受热后,蔗糖分子分解得到葡萄糖和果糖,于是重新具有了还原性。

读者朋友可能要问了,这套理论听起来确实很不错,但能派上什么用场呢?实际上,它可以帮助我们更好地理解梅拉德反应。糖和蛋白质受热后,在热能的作用下,分子分解并互相反应。诸如蔗糖、淀粉之类的分子释放出还原糖,蛋白质则会分解为氨基酸。接下来,梅拉德反应紧锣密鼓地开始了:氨基酸分子和单糖分子进一步反应,并生成新的颜色和味道。最终得到两类十分重要的产物:蛋白黑素分子和香味分子,前者使食物最终呈现金褐色,后者是我们熟悉的烘烤、焙烧等气味的来源。随着反应的进行,产物颜色不断加深,焦臭味(烟熏、烧焦、焦油)也开始出现。温度控制在140℃和200℃之间时,恰好能获得美妙的色泽和宜人、尚未焦苦的焙烤气味。反应随温度升高不断向前推进。事实上,早在低温状态下,梅拉德反应就已经拉开序幕了,升温只是加快了反应速率。大多数分子在温度达到约250℃后分解或碳化,有毒化合物也在这个阶段产生,比如油脂的热分解产物丙烯醛,存在于烧烤和香烟的烟雾及汽车尾气中的苯并芘,等等。

其实,梅拉德反应在潮湿的环境中(肉汁、高汤、汤汁)也能进行。这一点似乎违背了我们的常识。实际上,水是必需的,至少得将糖溶解其中。烤面包前将面团弄湿有助于成品上色;和表面微微湿润、烹饪时还加了点油的肉相比，擦拭掉全部水分并直接上锅煎烤的肉更容易烧焦，味道也更为单调。

除了水，其他分子（比如油脂分子）也能参与梅拉德反应。由于它们和蛋白质分子一样，都具有羧基（-COOH），在新味道的形成过程中也能看到它们的身影。厨师在烹制肉类时，会选择将油和黄油混合使用，以得到更馥郁的香气和更丰富的味道。一方面，油可以防止黄油燃烧，并让热量均匀分布，就和油汀电暖器一样；另一方面，它也为最后的味道贡献了自己的风味。黄油中的蛋白质——酪蛋白和肉中的还原糖结合，生成了其他味道分子。

酸也能扰乱这些反应的进程，产生各种各样的具有香味的化合物。比如，在酸性环境中，糠醛（味甜，存在于燕麦和小麦中）和3-甲硫基丙醛（烧烤味，存在于薯片和培根中）是更容易得到的产物。这也是为什么在制作烤鸡之前，最好先用柠檬汁或小苏打水涂满鸡肉表面：正是为了促成某些反应的发生，从而激发相应的味道。酱油中富含乳酸和琥珀酸，在亚洲，人们常在烹调肉类之前先将其刷满酱油。在酱油中加入其他原料，就能调制出多种风味各异的酱汁。比如，用甜酱油涂抹肉、鱼、贝类再进行烘烤，就能制成照烧；肉串刷上酱油后经过烤制，就能得到日式烤鸡肉串；至于蒲烧鳗鱼，也无非就是将鳗鱼淋上酱油，穿上竹签进行烧烤。除了将食物腌制入味，酱汁中的酸还能改变肉的煨炖过程，也就是改变梅拉德反应。

梅拉德反应的复杂机制为形形色色的组合方式开辟了存在的可能。比如，包括鹰嘴豆在内的一些蔬菜，其糖和蛋白质的含量很高。

在用快火煎炒肉之前,为什么不用糖(龙舌兰、浓缩洋葱汁、甜椒、甘薯……)和蛋白质(螺旋藻、黄豆……)的混合溶液涂抹或腌渍呢?同时,要想制造出更多味道分子,我们还能加入各种各样的油脂,或淋上几滴柠檬汁。后者也可以用其他酸性物质替代,比如橙子、大黄、浓缩醋,等等。在从前的一些配方里,我们可以发现多款"涂料"的身影。它们分别以酱油或味噌(富含植物蛋白和糖类)为底料,用橙子制作香橙鸭,或者用酸奶及其他酸性且含有蛋白质的物质作腌制酱料。厨师需要了解反应流程,才能将反应向需要的方向引导,并实现搭配的创新。

素食也有梅拉德反应! 蛋白质和糖一旦在高温下邂逅,其结果确定无疑:发生梅拉德反应,生成新的味道分子。这一规律适用于肉类,也适用于蔬菜和谷物。对于后者而言,这是一片大有可为的广阔天地!

按照蛋白质含量和含糖量,将一些蔬菜和谷物分类

蛋白质含量高的植物(A)	含糖量高的植物(B)
黄豆	胡萝卜
纳豆	番茄
蓖麻子	洋葱
花生	萝卜
红豆	玉米
鹰嘴豆	甜椒
奇亚籽	南瓜
斯佩耳特小麦	欧防风

（续）

蛋白质含量高的植物（A）	含糖量高的植物（B）
藜麦	大米
荞麦、燕麦糠	西瓜、甜瓜、葡萄、樱桃……

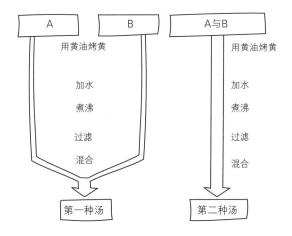

　　若想要验证这一点，不妨从 A、B 两栏中分别挑选一种蔬菜或谷物。别忘了，红豆、鹰嘴豆等豆科植物得事先浸泡并焯水。接下来，加入黄油，依次将两种原料翻炒片刻，然后分别加水，继续烹煮，煮沸后过滤得到汤汁，并将它们混合保存。就这样，第一种汤大功告成。接下来，重复一遍上面的步骤，不过一开始就将两种原料混在一起料理，还要注意，蔬菜 / 谷物、水、黄油的量，火温和烹煮时长都得保持和前一次相同。这样我们就得到了第二种汤。比较这两份汤的味道，你会发现，当我们将两种原料混在一块烹煮时，

由于它们的分子相互作用，发生了梅拉德反应，第二种汤具有第一种汤所没有的味道。

焦糖化反应

除了梅拉德反应，还存在着一种焦糖化反应。由于这两者的表征都是香气及棕褐色，它们常被混淆，实则截然不同。焦糖由糖加热而来。糖受热后，部分与蛋白质反应，其他部分却只会降解并焦糖化。不过，每种糖都对应着专属焦糖。"焦糖化"一词最早在公元前 65 年由塞内卡（Sénèque）提出。后来，到 19 世纪，化学家欧仁－梅尔基奥尔·佩利戈（Eugène-Melchior Péligot，他在 1841 年成功分离铀元素）和查尔斯·格哈特（Charles Gerhardt，他于 1853 年首次合成阿司匹林）也曾尝试揭开焦糖化反应中的化学奥秘。他们发现，一个蔗糖分子（$C_{12}H_{22}O_{11}$）只含有 12 个碳原子，但焦糖化的产物中既有含 24 个碳原子的焦糖烷，还有含 36 个碳原子的焦糖烯，甚至有含 96 个碳原子的焦糖素！也就是说，不同温度下会形成不同的长链。迄今为止，我们所知的焦糖能包含一百种以上的分子。它们的数量、化学式和相对比例视具体温度而定。和梅拉德反应一样，焦糖化也是一个极其复杂的过程，其中伴随着多重降解（化学键断裂）、缩合（失水后形成新的化学键）和分子结构重组，最后生成味道分子和颜色分子。我们得到的最终味道和颜色早就和一开始的糖大相径庭。我们食用的蔗糖在约 180℃时焦糖化，是最常用的制作焦糖的原料，但果糖（在约 110℃焦糖化）、葡萄糖（在约 160℃焦糖化）、麦芽糖（在约 180℃焦糖化）等同样可行。在干燥条件下加热淀粉或果胶，也能散发焦糖的气味……这些胶凝剂本身就是由单糖聚合而成的长链，因此，这样的结果并不是巧合。

创意焦糖

　　既然我们已经知道单糖可以焦糖化，为什么不更进一步，用其衍生产物开发新口味呢？比如，淀粉之类的胶体属于多糖。也就是说，类似于我们之前看到的肽的结构，它们也是由多个单糖分子串联而成的长长"列车"。通过加热，我们可以将这辆"列车"分解为一节节"车厢"，并将得到的糖焦糖化。就这样，新的菜谱诞生了！具体操作如下：在平底锅中倒入淀粉，加点水（也可以加柠檬汁），然后等着它变成焦糖。最后，再加入肉汁或蔬菜汁煮至溶化，就大功告成了！一言以蔽之，焦糖化和梅拉德反应的组合和优化释放了无限可能。不过，创新还是得遵循烹饪原理和化学原理。

来喝汤！

　　纯净水（H_2O）无色无味，它的近亲——自来水和瓶装水却多少带着点味道。而当我们饮用、泡咖啡和精品茶叶，或日常烹饪时，使用的往往都是自来水或瓶装水。因此，水的选择至关重要，在一定程度上，它是味道的"底色"。别忘了，在烹煮过程中，一些豆子、面团和大米能吸收高达本身质量两倍到十倍的水分！如果水质糟糕，那么做出的东西也好不到哪里去。所有"水煮"食物都会涉及食材分子和汤汁的交换。从前，一家日式饭馆的品质如何，根据它的选址就能一目了然：那儿的水质足以决定荞麦面和米饭好不好吃，厨师的手艺反倒是次要的。

水的味道。一方面，水的味道来自溶解其中的矿物质；另一方面，水中的渣滓、有机化合物、微水草或处理过程的副产品都有可能影响水的味道。水穿过腐殖质层、泥土层和岩石层，多种元素也随之渗透而出。接下来，流水自然汇聚在岩层之中，并与附近的岩石频繁地进行物质交换。如果，在这个过程中不断富集的是二氧化碳，就会形成天然气泡水。人类活动也发挥了作用：水的开采、运输、储存、包装，乃至瓶子的材料，都会改变水的味道特征。这是因为，以"无味"为背景，一切都显露无遗，留下专属分子的痕迹。

矿物质首先登场，钠元素和钾元素赋予了水或多或少的咸味，钙元素和镁元素让水变硬、变涩，氢离子和碳酸氢盐又让水尝起来有点儿酸。在水在土壤层循环流动的过程中，就轮到有机分子出场了。土臭味素由微生物代谢产生，是一种散发着泥土气息，也就是霉菌、蘑菇、红菜头和轻微腐烂味道的有机化合物。一些生长在木桶和水管内壁上的藻类植物也能产生土臭味素。氯元素是这些藻类的克星，但也会让水沾染它的特征气味，它还会改变土臭味素，转变它泥土与霉菌的味道。

冰的味道

冰箱和久置其中的冰块，想必它们的味道对你来说并不陌生。挥发性分子从没有密封的食物中跑出，散逸进冰箱的整个隔层之中。其中一些亲水性分子就溶解在了冰块里。冰块放置的时间越长，吸收的分子就越多。至于另外那些疏水性分子，则会吸附在塑料隔层和冰箱内壁上，还会"躲"进暴露在外的油性物质（比如黄油）中。

为了让水达到饮用标准所使用的处理方法，也是影响水最终味道的因素之一。次氯酸盐具有明显的"漂白剂"的气味，常被作为消毒剂使用，气味和味道都极易识别。自来水消毒时使用的次氯酸盐剂量远远低于毒性阈值，所以自来水尽管闻起来有一股氯气味儿，却绝对可以安全饮用。但是，它的味道还会沾到蔬菜、面团和大米上。和面时，应该避免使用这样的自来水，因为其中含有的次氯酸离子会让部分酵母失去活性。过滤水壶能减少这类含氯衍生物，还能通过离子交换膜将一部分矿物质"扫地出门"。这样一来，水质软化，喝起来也更加甘甜。

依赖训练有素的味蕾和鼻子，品水师们还能识别出除矿物质和氯化物以外的其他味道。比如，如果有草混进了饮用水的供水系统，尽管浓度极其微小，每升水中仅含数毫克，他们仍会分辨出两种不同的味道。其他植物与水邂逅，能赋予后者植物（黄瓜）或花果

（橙子）的清新香气。

耦合反应亦可能发生。水在穿越腐殖质的过程中，吸收了由植物降解形成的腐植酸分子。此外，臭氧化反应也是通过氧化去除水中致病菌的常见处理方式。臭氧与自然存在于水中的腐植酸和氯元素反应，生成散发着"药味"（医用苯酚）的氯酚和溴酚。这些反应都能在极微量的剂量下发生，即使浓度低至数纳克每升，也躲不过我们的味蕾和鼻子。

经历过臭氧化反应的水中，还存着"黄油味"分子、"哈喇味"分子和"鱼腥味"分子，它们极其微量，却清晰可辨。同时，自来水中也会检测出碳氢化合物（污染、工厂、交通、容器……）的痕迹。

因此，对于受过训练的人来说，只需喝上一口，就能知晓水的来路和历程。我们所制作的饮料和菜肴的味道，首先就取决于水的质量。即使用量微小，它的成分也会与使用的食材、茶壶乃至平底锅发生反应。尽管过滤水和标准化矿泉水自身也有味道，但至少它们能够保证味道的常态化，从而确保烹饪结果的可重现性。这一点对于几乎由水组成的饮食（比如清汤、日式上汤、泡饮、茶、咖啡，等等）显然更为重要。

清汤、高汤、浓汤……清汤、高汤和肉汁对于法餐，是堪比日式上汤对于日本料理的重要存在。它们是酱汁和许多菜肴的基石，是香气和味道的本源，在这样天然含香的液体中，我们烧煮、煨炖，将食物打散、提纯……一言以蔽之，它们是烹饪的基础。20世纪初，奥古斯特·埃斯科菲耶①（Auguste Escoffier）曾强调，厨师应用极其精确的方法备制高汤。

高汤又分两种。一种是**传统高汤**，由牛肉、鸡肉、猪肉、蔬菜、羊肉单独熬制而成；另一种则是在传统高汤中加入蔬菜丁、月桂、丁香、百里香等香味蔬菜制成的**调味高汤**。比如，传统的鸡高汤中只有鸡肉末和水，若是加入洋葱、胡萝卜、韭葱，就变成调味高汤了。同样，主料为牛肉的调味牛高汤中，也出现了洋葱、胡萝卜、西芹和浓缩番茄酱的身影。不同食材的用量比例十分精确。这项工作如此重要，又如此神圣，很多世家大户甚至聘请了专门的酱汁大师。根据烹饪方式的不同，我们将高汤分为白色高汤和棕色高汤。其中，白色高汤原料为肉，不着其他颜色；棕色高汤则基于梅拉德反应制成，得将肉块在精炼黄油和植物油的混合物中煎至焦黄。不同高汤的味道也截然不同。若我们除了肉，还放入骨头、骨架和软骨一同熬煮，高度浓缩后，会得到釉汁和半釉汁。浓稠的高汤中富含骨胶原和胶质，在低温下凝结、凝胶化。

从严格意义上说，汁是食物（通常为调过味、可能添加了植物香料的肉）的天然提取物。它们表面的油往往已被撇去，一般也已经浓缩为"浓汤宝"。既然植物汁是从植物中提取的液体，肉汁当然也是同理。奇怪的是，人们常用离心机榨番茄和胡萝卜，却没有人对烤肉使用同样的做法……就像"银塔"餐厅那道著名的血鸭一样，我们只是用力挤按，从肉中压出汁来。银质

---

① 法国烹饪史上的一位传奇人物，被称作"厨师之父、西餐之父"。——译者注

压榨机自然要比离心机美观，但后者的价格仅为前者的百分之一，效率却是前者的 100 倍。这是一件"吃力不讨好"的事（用一只烤鸡只能得到 2 至 3 匙肉汁），所以很多厨师将高汤和肉汁的概念结合起来。他们把肉煮熟并上色，加水直至漫过肉，留取最香的那部分液体，其中混杂着结构水和烹饪时的汤汁。

最后就是**汤**了。它已经调过味，可自成一道菜。日式上汤（由昆布和鲣节煲成）、越南河粉汤底（含有牛肉、洋葱、生姜、茴芹、胡椒和辣椒），还有中式火锅汤底（原料可以有牛肉高汤、蔬菜高汤、牛尾、碎肉、胡萝卜、萝卜、洋葱、丁香和月桂），都是我们熟知的汤。除了单独享用，它们还能作为面条、米饭、鱼等食物的汤底。汤或清澈，或混浊。澄清后的汤汁，我们称之为**"清汤"**。

从科学角度而言，熬汤是一个最大化提取食材（蔬菜和肉块）味道的过程，如果是棕色高汤，我们还能创造新的味道，还能将得到的味道浓缩、去油、保存。

（1）**提取味道**。按照埃斯科菲耶的法子，需将蔬菜切成边长 1 厘米至 1.5 厘米的小块。大小很重要，体积越小，表面积越大，烹饪就越快速，汤汁就越入味（从而形成肉汁或清汤）。烹饪方式的选择至关重要：若想得到富含蔬菜、香草、鱼的清汤，最佳方案就是将它们一股脑儿放进密封袋，把口封好，以 80℃至 85℃的低温熬煮 2 到 3 小时。在这种操作之下，一个香味分子也别想跑！它们都缓慢但稳定地发散出来。这样的方法还可以推广至鱼、白色高汤和棕色高汤的烹制中。在后者的例子中，首先会形成来自梅拉德反应的香味，随后加水至高位，接着在低温下真空烹煮至完成。在每一种情况中，下一步都需要过滤，必要时还得撇去油沫。

胡萝卜也要仪式感

仿照饮茶，我们能否也为蔬菜量身打造一套仪式呢？要想获得味道最佳的汤汁，达到合适的温度，且恰好能让平底锅中尽得食材滋味，也不让屋子内染上一股味道，就该在烹饪胡萝卜时也遵循特定的升温规律和浸泡时间。"泡胡萝卜"也需仔细思量！

（2）**创造新的味道**。新味道的形成源自蔬菜的焦糖化过程，还有蔬菜及肉类的梅拉德反应。胡萝卜和洋葱成为大多高汤和清汤青睐的食材并非偶然，而是凭借其含量超过 7% 的碳水化合物。这些糖与肉类所含有的蛋白质能够发生梅拉德反应，创造出新的香气和颜色。温度、水量、食材属性（所含糖和蛋白质的种类）、油脂（让味道更丰富），还有酸度，都在最后生成的复杂香味中发挥了决定性作用。同样，你会发现，番茄也是高汤中的常客，它们通常以番茄浓缩浆或新鲜番茄的面貌出现，能让食材混合物酸化，有利于糠醛分子和 3 - 甲硫基丙醛分子（构成榛子、培根、烤肉味道的化合物）的形成。白葡萄酒和红葡萄酒的大量使用也基于同样的道理：除了提供单宁和酒本身的滋味，它们还能创造很强的酸性环境。由火葱和醋浓缩而成的甜醋汁在酱汁味道的形成过程中也占据了重要的一席之地。精炼黄油和植物油中的脂肪酸也可以间接参与反应，它们先分解，再经过反应产生新的味道分子。大厨们从经验出发，调整胡萝卜、洋葱和肉的比例（埃斯科菲耶建议的比例为 2 : 1 : 15），对高汤、肉汁的食谱进行优化。他们还加入了番茄、油脂混合物，等等。如今，我们已经可以对食谱进行科学分析，明确其中碳水化合物与蛋白质的比例、酸的含量等属性，并总结出什么样的比例能让梅拉德反应达到最佳水平。这些最早可追溯到 20 世纪初的食谱全凭经验制定，却合理且美味无比。我们可以超越前人吗？答案令人欣慰：可以。如果埃斯科菲耶那时就知晓真空低温烹饪法的奥秘，他没准儿还能创造出别的奇迹。

（3）**去油和精炼**。味道的生成离不开油脂的作用，但这一步完成后，油脂就该功成身退了——为了得到"不分层"的清澈汤汁，需要将油脂撇去。在烹饪过程中，汤汁中水油分离或颗粒物从液体中沉析而出，即产生相位差时，就会产生分层现象。油脂星星点点地分布在汤汁表面，看起来多可怕呀！同样需要除去的还有悬浮其中的颗粒物。过去，蛋清是厨师们惯用的"清汤利器"。这一做法的灵感来自葡萄酒的酿造，用蛋清"下胶"以获得澄清酒体。但美中不足的是，蛋清的凝结过程也会"俘获"大量的香味分子。如今，人们针对这一点提出了两种对策。

一种是化学方法，它基于一种和蛋清相似的凝结作用，但以纤维素为原料：在汤中加入纤维素分子，加热后，纤维素使细小颗粒物凝胶化，从而将它们禁锢，随后只需过滤便能轻松除去。相比于蛋清中的白蛋白，纤维素的优势在于与可溶性香味分子之间亲和力更小，因此汤汁中得以留存更多滋味。

另一种则是物理方法，这在日常的烹饪中更难实现，需使用实验室中能够按照密度分离物质的离心机。凭借每分钟高达 4000 转的转速，一刻钟后，汤汁就会出现相位差：油脂漂浮在上层，颗粒物则被甩至管道底端。如果离心机在低温状态下工作，油脂会凝固，因此很容易清除。提耶里·马克斯就使用一台这样的机器。它有双重好处：既能节省时间，也能保留食材原味。

（4）**浓缩和精炼**。每个人都对"浓缩至三分之一"的说法耳熟能详。但，怎样才能在减少高汤和肉汁的溶剂——水的同时，又不致味道分子流失呢？要回答这个问题并不简单。若你在菜谱中看到"将酱汁浓缩至三分之一"的字样，那意味着最后只有三分之一该留在平底锅中，另外的三分之二将在屋内飘散……今天，我们已经拥有了无须加热便能浓缩的高效方式，但它们目前仍价格不菲。低温浓缩和低温蒸馏就是其中两种方法：和依据不同沸点实现物质分离的高温蒸馏法类似，我们也可以通过凝固点的差异来分离混合物。纯净水在 0℃凝固；糖水或盐水的凝固温度则更低，还会根据盐和糖的浓度发生变化。因此，将酱汁和肉汁快速冷冻，可以将纯水与其他部分分离。这样，我们最终得到的产物浓度更高、味道更好，而且由于没有加热，维生素、营养成分和香味都丝毫未损。

火的味道

夏天最棒的美食活动就是烧烤了，因为烧烤时不仅气氛融洽，而且烤过的肉、鱼、蔬菜都别具风味。小木块、煤、迷迭香枝条……每一种风味都各有千秋。从发现火开始，人类就爱围坐在火边讲述美妙的故事，同时开启了烧烤的历史。那么，科学又告诉了我们什么呢？

木头比木炭好，这是首要原则。但当它们完全转化为火炭时，差别就消失了。木炭和火炭都由碳元素构成，两者都味道寥寥……如果说，樱桃木、山毛榉木和松木燃烧产生的烟雾能分别赋予烟熏食物（猪肉、三文鱼，等等）不同风味，它们对应的火炭却没有任何特殊的味道。烟雾中包含蒸汽、燃烧产物和热作用下挥发的香气。木头燃烧殆尽后，就只剩下无味的木炭。那么，烧烤特有的那种味道是从哪里来的呢？它来自烹饪过程中流动的肉的"汁液"——水、蛋白质、油脂。这些汁液滴落在火炭上，在极高的温度下，经由多重十分迅速且剧烈的燃烧反应（梅拉德反应、焦糖化反应……）分解。部分产物气味芳香，具有挥发性，在对流运动下进入空气中，随后附着在肉上，使其浸染上香味。此外，若你希望烤出来的食物有"木头香"，不妨在烹饪时撒上一把木屑或刨花，迷迭香或百里香的枝条同样有效。这样，你就将烟熏和烤制成功地结合了起来，这可能才是名副其实的"烧烤味"。

茄子泥

Salată de vinete（罗马尼亚语）, kyopolou（保加利亚语）, melitsanosaláta（希腊语）, baba ganousch（约旦语）……"茄子泥"一词存在于地中海盆地的每一种语言中。虽然各地具体做法略有差异，但万变不离其宗：首先将一整只茄子用烤炉或烤箱高温烤熟。由于茄子肉含有水分，茄子内部得以蒸熟。随着颜色变成棕色，茄子肉逐渐产生了烧焦的味道，棕色也不断由外向内蔓延。接着将茄子肉掏出，并加入橄榄油、大蒜、胡椒粉与其混合，也可因地制宜地选用其他调料，一道美味的茄子泥就做好了。

在烹饪过程中把肉盖住，也能影响最终的味道。锅盖能降低火温，提高食物周围空气的相对湿度，从而避免失水过多。这些都能促进梅拉德反应，抑制剧烈的燃烧。换言之，你制造出来的将更有可能是来自火炭的焦臭味，而不是受热过度分解后的热解味。不妨在燃烧的火炭上直接烹饪以迅速释放食材汁液，结束时再往火炭上撒一把香草、香木屑和少许水，接着迅速盖上盖子。如此烹制而来的肉就会散发着烟熏和烧烤的味道，真是外焦里嫩！

油炸和脂肪

无论是生还是熟，是膏状还是油态，脂肪对味道的形成都发挥了毋庸置疑的作用。

首先，脂肪本身就有味道，有的还十分香呢：初级冷榨橄榄油、芝麻油、摩洛哥坚果油、榛子油或者新鲜黄油，都可直接食用。这些油脂受热容易分解，这意味着，它们含有的香味分子皆具有挥发性，因此香气显著。这种不稳定的化学性质也是这些物质往往易氧化、易变质、易"走味"的原因。

其次，脂肪是味道的载体。大部分香味分子都是有机物，由长长的碳链和特殊的官能团组成，通常都具有脂溶性。因此，加入脂肪可以将食物中的味道分子提取出来，进而扩散至我们的感觉器官。反过来，脂肪极易吸收那些带有气味或味道的分子。冰箱中的黄油若是敞口放置，很快就会染上一股"冰箱味"，这正是因为，冰箱里的挥发性分子全都溶解于油脂之中。有时候，人们乐见这一现象：制作香水时，可用油脂来萃取花香。但有时又唯恐避之而不及：洋葱味的黄油焦糖，大概不啻一场"舌尖上的灾难"。

此外，一些脂类热稳定性极佳，煎炸食物时使用的油就是其中一例。它们可以经受高温下的烹饪，还能加速梅拉德反应及焦糖化反应的进程。油是一种很好的隔热液体，它能让热量在最大程度上均匀分布，并持续保温。在肉的表面涂上油和黄油后再进行烤制，烤肉最终会被"镀"上一层均匀的泛黄色泽。了解油脂的热稳定性是一件十分重要的事，而烟点恰能提供一个合适的参照。

烟点。烟点指油脂开始冒烟的最低温度。在油炸食物的烹制过程中，需将温度控制在烟点之下，因为超过这个温度后，油脂在热作用下会分解为有毒的化合物，如苯并芘和丙烯醛。当温度进一步升高，达到自燃点时，厨房里就要开始起火了（花生油的自燃点约为350℃）。若是对脂类的烟点了然于胸，就能预测它们的稳定性，烹饪时对种种操作（生食、适度加热、油炸）也就游刃有余了。我们之所以将油精炼提纯，是为了除去其中的多余成分和有机残留。精炼后的油的热稳定性也通常要好于原油。

一些常见油脂的烟点

油脂种类	烟点
黄油	约130℃
大豆油、芝麻油、榛子油、胡桃油……	约160℃
非精炼葵花籽油、非精炼花生油	160℃～170℃
猪油	约180℃
特级初榨橄榄油	190℃～210℃

（续）

油脂种类	烟点
鸭油	约 190℃
牛油（从脂肪组织中提取）	约 210℃
葡萄籽油	约 220℃
精炼花生油	约 230℃
酥油（印度精炼黄油）	约 250℃

　　最后，脂肪还能提供一种独特的口感。白黄油酱汁、乳化黄油酱汁、高汤、肉汁……这些酯类物质经过乳化，分散为肉眼不可见的小液滴，轻覆在我们的味蕾上，带来圆润绵长的享受。食物的肌理（微观结构）与味道之间存在着一种直接联系。我们将在第 4 章中再谈这一话题。

饱和

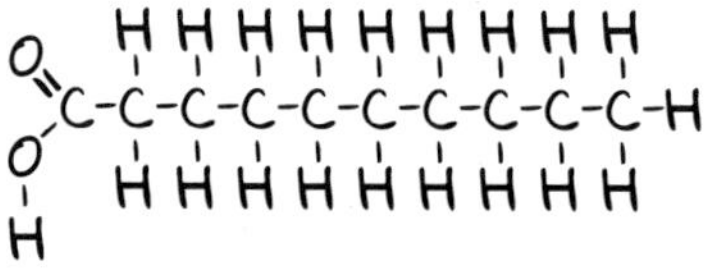

不饱和

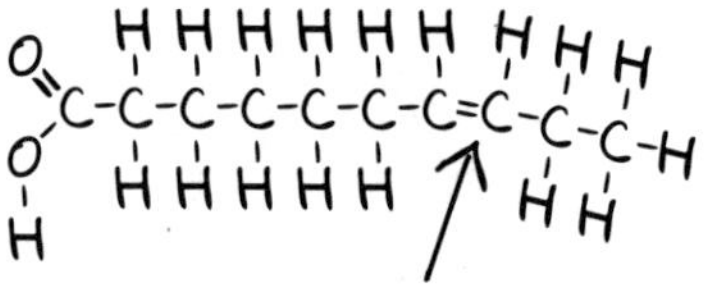

不饱和键

榛子大小的黄油 VS "榛子"黄油

　　"榛子"黄油指的是焦化黄油，它的味道来自刻意将黄油 "煮过头"时发生的梅拉德反应。在这个过程中，黄油里含有 的乳糖（糖类）和酪蛋白（蛋白质）在高温下发生反应，并形 成类似面包皮或油酥点心的烧烤味、麦芽味和烘焙味。这样 人为促成的反应，其产物是味道只有鳀鱼（黑黄油鳀鱼！）和 特定的味蕾才能承受的黑黄油……反之，如果你并不希望黄 油烧焦，可以往里面倒入一点儿油或加入精炼黄油。油的烟 点更高，能增强黄油 – 油混合物的稳定性；而精炼黄油由于 经过提纯，不含蛋白质及残留物，也能起到和油一样的效果。

　　氧化、酸败。脂肪中的脂肪酸由长碳链构成，这些碳链因长度、 分子构型和所含有的不饱和键不同，而具有或强或弱的氧化性。如 果一些碳原子之间以双键连接，就形成了我们所说的不饱和脂肪酸。 饱和脂肪酸则与之相反，其内部只包含易断裂的单键，因此易于消 化，也易于被人体储存。

　　许多因素都能加快物质的酸败：温度、自由基（分子中不稳定 且反应活性高的部分）、光线的照射（能产生自由基）、空气（氧化 剂）、酸性环境，或者酶的参与。在最后这种情况中，脂肪酶（一类 促进消化的酶，存在于许多生物体中）或脂氧合酶（自然存在于一 些植物中，比如大豆、某些蘑菇，以及某些器官和肌肉）能引起脂类的水解①（我们称之为脂解），乃至过氧化反应②。即使在冰冻状态下，这些酶也不会"怠工"，依然能让食物变质。寒冷只能降低酶的活性，酶在冰箱或冷冻柜里也能继续发挥作用。如此形成的分子碳链更短，气味更强，会让食物闻起来有一股哈喇味。

 回温味

　　你是否发现，如果把前一天剩下的烤鸡做成沙拉直接吃，要比重新加热后的味道更好？烤猪肉也是如此。但是，一些菜肴（比如法式白炖小牛肉）第二天加热后更好吃，这也是不争的事实。矛盾吗？组织的部分细胞膜会在连续的加热和冷却之后破裂，随即与油脂、血红蛋白中的铁元素以及其他酶（比如脂肪酶）接触。在这个过程中，脂类氧化产生的分子带有淡淡的哈喇味，也就是"回温味"。这种味道早在1958年就被正式提出。那时，由于工业肉的出现，兴起了一项科学研究，专门探寻这种难吃味道的来源。研究表明，再加热过程中发生了一种氧化反应，这种反应在涉及不饱和脂肪酸时尤为显著。家禽肉、猪肉和羊肉都属此列。再加热和冷却的速度、明火的使用（比如用中式炒锅来烹饪某些蔬菜）或者盐的存在都会加速反应进行。常作为工业用盐的亚硝酸盐却

---

① 水"切断"长链的反应。

② 产生自由基（有害物质）和脂质酸败的强氧化作用。

能抑制反应的发生。真空低温烹饪法由于需要抽走部分空气（包含氧气），因此能减慢氧化反应，却不能完全杜绝。牛肉中的脂肪氧化得更为彻底。此外，我们越是将其加热，肉中的胶原和纤维溶解得越多，肉质也就愈发柔嫩。香味也会在酱汁、肉和蔬菜的加热周期中散逸开来。事实上，保留酱汁的肉热一热都更好吃。

组合与调味

增强、提高、调味……

在味精尚未广为人知的年代，盐是当之无愧的调味界"扛把子"，人们甚至都叫不出其他增味剂的名字。只是，盐真的是增味剂吗？让我们首先看一看定义：增味剂，指能在不改变物质原有味道的前提下，提高嗅觉 – 味觉感知强度的化合物。盐符合这个定义吗？增味剂是否真的存在？

在肉类、蔬菜或巧克力焦糖马卡龙上撒一点儿盐，似乎强化了它们的味道。从化学角度而言，盐在口腔中溶解时，提高了唾液的离子性，即所含电荷的总数。于是，具有香味的有机分子更容易从水相（唾液）中析出，并经由鼻后通路汽化消散。这样一来，挥发性的香味分子就能被更好地感知，也从而产生了"味道得到激发"的整体印象。事实上，盐刺激的是嗅觉而非味觉；因此，它是气味增强剂而非味道增强剂。从严格意义上来说，它并没有提高肉类、蔬菜、巧克力等食物中味道分子的味觉强度。更令人困惑的是，在味道有苦有甜的溶液（加了很多糖的茶或咖啡、甜柿子汁，等等）中放入盐，会在减弱苦味的同时放大甜味。也就是说，我们的这种"增味剂"厚此薄彼……所以，与其说盐增强味道，不如说它改变味道。那么，真的存在增味剂吗？

欧洲的法律为二十多种增味剂进行了分类，主要为谷氨酸盐（谷氨酸钠 E621、谷氨酸钾 E622、谷氨酸铵 E623……）和肌苷酸盐（肌苷酸二钠 E630、肌苷酸二钾 E632……）——换言之，"鲜味"物质。它们能增强、改变或者提供新的味道，以改变口腔中的味觉感知和平衡吗？若想解答这个问题，得依次配置这些化合物的稀释溶液，并将它们与其他食材混合进行测试。但这项工程过于巨大，至今尚未有人实现。官方名单中还列举了甜味剂（异麦芽酚 E637、麦芽酚 E636）和蛋白质（核糖核苷酸钙 E634、核糖核苷酸钠 E635）。

菠菜中的黄油

大部分香味化合物属于有机物，可以溶于脂质。因此，加入油脂能让它们轻松溶解，并分散在我们的味觉感受器上。"在菠菜上抹黄油"（mettre du beurre dans les épinards，意为"不无小补"，比喻在收入上多少有一点帮助）可不只是一句俗语，还是一条激发香味的妙计！

上页名单中没有出现油脂的身影，但这并不意味着它们在其中没有一席之地。我们常常听到这样的说法——"味道的真谛在于油脂"：即使不像意大利科隆纳塔猪油、鸭油那样本身就味道极佳，它们也是促进味道传递的载体。因此，在一定意义上，油脂可以"显味"，也就是增强味道。在香水制作过程中，用油脂萃取花香是一种提取气味的技术。厨师们可以自行尝试这种萃取法，利用这种古老却又极具化学性的技术，提取或分离出花朵、蔬菜、水果或香料的香味分子。

迈向共通的味道

桃－杏、杧果－百香果、梨－黑巧克力……这些搭配久经味觉考验，断无出错的可能。这并非苛求，但还有其他组合吗？另外，我们对干火腿－无花果、李子干－猪油这样的组合已见怪不怪，但至少乍看之下，它们比先前的那些搭配古怪多了。它们用味道征服了我们的味蕾，我们也逐渐对它们习以为常。那么，还能再预测一些更奇特、更惊人、更劲爆的搭配方式吗？这就是食物搭配学（foodpairing）所面临的挑战。从字面意思上看，这是一门关于食材组合方式的学问。在科学的基础上，它尝试为各种食物标注参数，以便在之后的烹饪中实现更好的组合。

通过化学分析，研究者们识别出食物中含有的主要香味化合物。他们已经列举出近 5000 种味道和气味分子。对食物进行分析后，我们可以得到一张图，其中峰值的强度与味道分子的数量成正比，而峰值的位置则能清晰地显示化合物的存在。如此一来，水果、蔬菜、乳制品……它们就都有了专属的气味"身份证"。

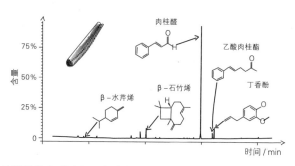

一种肉桂精油的色谱分析。每个色谱峰对应一种特定的分子。此处我们发现，肉桂中含有微量的丁香酚，后者大量存在于丁香中

我们也正是通过这种方式发现，构成草莓、番茄或咖啡味道的分子不少于 350 种。显然，有些分子在其中具有数量优势，占据上风，也因此成为食物的"标志性分子"。但其他分子的存在则赋予了香味细微而精妙的差异。在这一点上，食品工业的配方设计师就比大自然逊色很多，他们总是忽视气味的丰富性，能够调用的味道也更为有限。

 糟糕的音符

"像钢琴家一样谱出厨房的曲调"，这是一个美丽的比喻，但真的要遗忘所有微妙的升号与和声，让乐曲只剩下几个重复的音符吗？多变的音调是大自然的馈赠，为什么要弃之不用，反而选择只有数十个琴键的键盘？莫扎特可不会赞同。此外，食品加工业与化妆品制造业一样，随着预算减少，"香味管风琴"上的琴键也越来越少……如果说，丁香酚是丁香中的主要分子，是其 95% 香气的来源，香兰素既不能够也不应该单凭"一己之身"代表香草味，顺 –3– 己烯醇分子之于青草味也是如此。打发鸡蛋（或脱水卵清蛋白）时，就算加入了 1-辛烯 –3– 醇，也做不出蘑菇味的炒蛋。这既不是科学，也不是烹饪，而是讽刺。很多东西都是如此：人工合成的松露油（通常由二甲基硫分子和 2– 甲基丁醛或 2– 丁酮混合而成）、桃子味的绿茶（在茶叶上喷洒丙位癸内酯）、香蕉味酸奶（味道由单一的乙酸异戊酯构成）……不胜枚举。尽管食品工业拥有能准确识别各种分子的工具，却依然未能完全重现大溪地香草由数百种分子形成的精妙香气或黄瓜的清新气息。

　　一种香气往往由上百种分子构成，所以我们常常能在不同食物中发现相同分子的身影。被食用后，它们能刺激相同的味觉感受器。大脑无法准确区分化学组成相近的食物，这有点儿像光幻视：红色光斑与蓝色光斑靠得非常近后，看起来就成了紫色的"一整块"。杧果和百香果的无间配合也基于这样的原理，它们含有众多相同的分子，这就意味着能产生许多相同的刺激。换句话说，大脑处理的信息是一致的。玫瑰 – 蔓越莓 – 荔枝的组合也是美妙的三部曲，它正是皮埃尔·埃尔梅（Pierre Hermé）著名的伊斯法罕马卡龙的成功秘诀。此外，许多花香分子也同时存在于这三者之中。使用这种方法时，只需要比较水果、蔬菜、肉类、奶制品、花、酒等各种食材的香味"身份证"，寻求相同之处最多的组合方式。分子的重合度越高，它们搭配出的口味就越值得期待。用这种方法能找到菜肴与酒的合理搭配（至于如何担任"分子侍酒师"，就是专业人士的工作了！），并科学地实现全新的和谐组合（薄荷小羊肉、梅干猪油……）。它还能更进一步，创造出全新的美食体验（猕猴桃－牡蛎、米酒－弗朗什－孔泰干酪、黑巧克力－洋葱、小羊肉－草莓－帕尔马干酪……）。然而，厨师还需要提高技艺，将潜在的可能化为现实中的佳肴。此处，对食材肌理的研究至关重要。以米酒与弗朗什－孔泰干酪这对"好搭档"为例，要使米酒飘逸的酒香融入更为坚硬、油腻的干酪中，就得对它们重新进行加工。若只是生硬地凑在一起，就成了"包办婚姻"，往往不会成功。

但是，烹饪也不能仅仅依赖物理化学层面的研究。说白了，食物搭配学只是个数据库，它既不独特，也不完整，只能提供相近食物的组合方案。可厨师也是艺术家，能仰赖自己的才华，将看似不搭的食材组合到一块儿。此外，食物搭配学也不考虑文化层面，但后者本是个极其重要的标准：你愿意就着黑皮诺葡萄酒吃亚洲黑蝎子，或边品味加利西亚阿尔巴利诺白葡萄酒边品味蝗虫吗？盐烤蝗虫与阿尔巴利诺白葡萄酒的味道其实相得益彰得出乎意料……巧克力也是这些昆虫的搭配佳选……

最后，切记警惕轻率的"食物三段论"：如果 A 与 B 相似，B

与 C 相似，那么 A 也与 C 相似。这样的传递并非总能成立。有些人称之为"桥接"（bridgepairing）。但要当心，这座"桥"有时很不牢固……比如，巧克力与薄荷、薄荷与黄瓜都是极佳的搭配，事实证明，黑巧克力与黄瓜组合到一起的味道也很不错。这就是适用于三段论的一个例子，但也仍需经过试验（详见彩插中"冰薄荷巧克力"的做法）。然而，尽管鲭鱼 - 黄瓜和黄瓜 - 黑巧克力皆为良配，鲭鱼和巧克力的搭配就没那么简单了：口腔中两种油脂叠加，很快就会让人作呕……

"如果想要得到前所未有的事物，就得做出前所未有的尝试。"

——伯里克利（Pericles）

你不妨花点时间，读一读这些新的数据，试一试全新的味觉游戏。伯里克利的名言也完全适用于我们的味蕾："如果想要得到前所未有的事物，就得做出前所未有的尝试。"在追求佳肴与全新味道的途中，如果科学可以助我们一臂之力，又何必拒之门外呢？

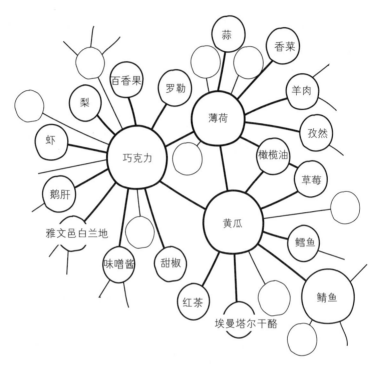

食物搭配学的目的在于根据食物之间相似的化学性质，绘制可能的搭配图。至于选择恰当组合、提供新的品尝体验，并在此基础上进行创新，则是厨师的工作

第 4 章

肌理和时间的味道

味道和食材的肌理密不可分。冻得硬邦邦的果冻会失去味道，打发不足与打发过度的蛋黄酱也会呈现出不同风味，诸如此类，不胜枚举。在本章中，我们将重新回顾食物主要的肌理类型，展示它们对味道的影响，以及如何激发大厨的创意。

在历史的长河中，人类为了储存食物，开发了不计其数的方法：装罐头、将肉熟成、发酵……从这些操作中，重要的新味道和新菜式（红酒、腌酸菜、奶酪、巧克力……）也衍生而出。时间如何作用于味道？又有哪些新操作可以更好地保留原汁原味呢？

肌理与味道

分散的物质

在我的上一本书①里，我们讨论了食物的不同肌理和结构，也谈到了烹饪过程中温度和压力引发的变化，还涉及了储存方式，等等。在所有的结构之中，我们常在烹饪时遇到的是形式众多的分散系。这个词语是所有乳化酱汁、泡沫（泡沫状蛋清、烤蛋白）、凝胶和果酱的总称。无论何种分类，分散系都是一种微观相（固态、液态或气态）分散于另一种连续相（也为固态、液态或气态）之中的混合物。具体而言，油的微颗粒分散在水（醋）中，就形成了一种乳浊液；而打发后的蛋白（泡沫）则是数以千计的气泡弥散于蛋白的水溶液中；果酱（凝胶）由水果的结构水被果胶的固态结构俘获后构成。乳浊液、泡沫和凝胶皆属于分散系。

分散系的类别

连续相 分散相	固态	液态	气态
固态	固溶胶	悬浊液	固态气溶胶
液态	凝胶	乳浊液	液体气溶胶
气态	固体泡沫	液体泡沫	-

① 《未来食材的 N 种玩法》（*Un chimiste en cuisine*），中信出版社，2017。——译者注

　　如果说，物理可以告诉我们这些肌理为何形成，又如何消解（取决于温度、大小、分散系的同质性或是某种表面活性剂的添加……），那么如何让食物更美味、必要时如何分离味道，以及如何激发嗅觉－味觉感知等问题，则由味道分子化学提供解答。为此，让我们回到主要的分散系，并进一步回顾它们的制备过程——液滴和气泡的大小未必是微观的，但大体上的情况是类似的。

吃东西，靠表面

　　正如前文所提到的，味道的产生源自味道分子与上万味觉感受器的"金风玉露一相逢"。调动的感受器越多，传递的神经冲动就越多，味道也就越分明。不管是撕扯、咀嚼还是研磨，我们通过这些方式减小食物的体积，同时增大它们与感受器接触的表面积。待这些感受器被满是香味分子的唾液浸润，程度越高，味道便越明显。换言之，说"吃东西，靠表面"并不为过！食物的"内在"带来营养，但能提供味道，并因而提供饮食之乐趣的，却是它们的表面。切丁、切块、磨粉、刨花，把酱汁完全乳化，浇上烩汁，这些方式都足以直接影响菜肴的风味。

固溶胶

固溶胶是将一种固体分散到另一种固体中的混合物。不妨试想一下，若是将酸醋汁即刻冷冻，会是什么样的情形？脂肪晶体将被包裹在冰块（醋）之中。尝起来味道如何？如果分散的固态颗粒足够大，其肌理与味道都能被嘴巴分辨出来，并和原本的味道区别开（比如蜂巢蛋糕上撒的白砂糖）；反过来，颗粒若是太小，就会在口中混成一团，最终只呈现出一种味道。让我们举个简单的例子：制作曲奇的方子总会提到，别把原料过度混合。这样的强调乃有意为之：只有这样，你才既能嚼到巧克力屑，又能品尝到焦糖的味道，还不会错过烤熟的鸡蛋面糊。每一口都自有风味——真正的美味集合！而同样的曲奇面糊，若是混合程度过高，就会变成粗面面团，不管是味道还是口感都无比单一。

悬浊液

与固溶胶相似，悬浊液中的固态颗粒（不可溶）若是足够大，便能被嘴巴感知。英式蛋奶酱若是做砸了——换言之，煮过了头——就会变成牛奶中分散着凝固的鸡蛋颗粒的模样：熟鸡蛋的味道与颗粒状的质地会同时在口腔中呈现，这是因为颗粒够大，足以被识别出来。有趣的是，调味料中分散于橄榄油中的食盐晶体反倒能使味蕾更加灵敏。在亚洲，有一种由芝麻油、芝麻、食盐、辣椒粉、葱末和香菜碎调成的酱料，适用于凉拌菜和火锅。这些原料都很细碎（因而分散），且不溶于油。每种香料或香草都保留着各自的香气，彼此独立地呈现在口腔之中。

气溶胶

在烹饪用的气溶胶中，气体无臭无味（比如空气、奶油发泡剂里的一氧化二氮、二氧化碳）。不过，气体可以传递并运输香味分子。因此，气溶胶制剂的气味（或者进入口中的味道）源自分散其中的颗粒或液滴。

吸入可食用的气溶胶（液态或固态），相当于在我们的感受器上覆盖上千个带有香气的细小颗粒或液滴。饮食不再（只）是吞咽，而是一呼一吸间的享受

我同提耶里·马克斯一道，与"食物实验室"（FoodLab，由 D. 爱德华兹创办）合作进行 Whif® 和 Whaf® 项目：借助超声装置（Whaf®），朝空气中喷射极其细小的液滴，以形成薄雾——马路上的雾也是由小水滴构成的。有了这个技术，我们便能制造可以食用的"云朵"：反转苹果挞蒸汽、茴香开胃酒云，甚至"龙虾雾"。在这里，食物是吸进去的，而不是咽下去的！还记得吗，嗅觉与鼻后嗅觉得到的味道构成了一道菜肴的味道的 80% 以上，"吸入式进食"是体会食物的有效方式，而且几乎没有热量！ Whif® 则涉及固态气溶

胶，其中精细研磨的巧克力（确定颗粒大小的最佳范围是一项旷日持久的工程）会与空气同时被吸入（借助某种衔在嘴中的杆子）。一边喝咖啡，一边吸入巧克力气体。冷冻干燥技术（无酒精鸡尾酒粉、新鲜水果粉）进一步扩展了味道王国的疆界。

乳浊液

分散与溶解性。蛋黄酱、牛奶与奶油、乳化黄油酱汁……乳浊液是烹饪中绝妙的香味载体。不管是亲水化合物还是亲油化合物，通通都可以溶解在乳浊液中：它们会优先选择与自己最有亲和性的介质结合。食盐（NaCl）会在醋（水相）中溶解，而榛子中的 2- 乙酰基 -5- 甲基呋喃与 2, 4, 5- 三甲基恶唑几乎只能溶于油中。

其他分子则会根据各自的亲水性与亲油性，以不同浓度比例分散在水油两相中（我们称之为分配系数）。比如，芳香醇十分易溶于油，气味清新芬芳，它的身影常见于薰衣草精油、香柠精油和薄荷精油中。然而，它虽然几乎不能溶于水（溶解度约为 1.5g/L），却足以有效地为月桂酱调味。香兰素也是同理，它在水中的溶解度极低（约为 1g/L），但仍能轻而易举地给茶饮增香。香兰素更易溶于酒精，能将朗姆酒轻松调制成香草味；它在油脂中的溶解度还要更高，能够完全溶于其中（黄油与黄油奶油、生奶油中的脂肪、香草油……）。

鉴于水油不可混溶，制备乳化酱（比如油醋汁）、茶饮等时，由于香味分子或亲水，或亲油，因此它们便无法以同样的比例分布：醋中具有香味的化合物会留在醋里，油里散发榛子味的分子则仍待在油里。不过，若是在烹饪胡萝卜时加入一点儿水和黄油，胡萝卜内的亲油性分子（包括具有染色效果的 β 胡萝卜素）会进入油中，而亲水性分子则会扩散到锅内的水里。

　　类胡萝卜素是包含胡萝卜素和叶黄素在内的一类色素，存在于藻类及其他蔬菜（比如胡萝卜）之中。叶黄素（黄色）易溶于水，而 α 胡萝卜素和 β 胡萝卜素（分别为黄色和橙黄色）仅溶于油。在少量的水与黄油中烹饪胡萝卜时，人们很快就会注意到，黄色与橙色在酱汁中弥散开（在黄油中比在水中更偏橙色）。

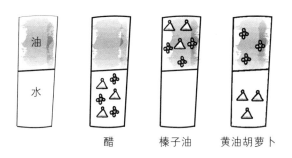

油

水

醋　　　榛子油　　黄油胡萝卜

　　这些蔬菜中存在的诸多香味分子也一样，要么优先溶于水，要么优先溶于油。通过把蔬菜汁（或其他东西）加黄油乳化（即关火后加入冰黄油块用力搅动的做法），将烹饪用水制成乳浊液，就能毫无损耗地混合全部香气。若是把富含亲油性香味分子的"酱汁之眼"丢弃，可就大错特错了！

　　绵长口感。均匀分布的脂肪能带来圆润绵长的口感。当乳浊液十分细腻（微乳液）的时候，这种口感尤为明显，因为它无法被我们的触觉感受器觉察到。

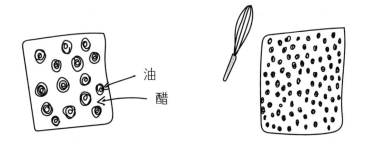

大小影响感知。分散相的大小既关系到稳定性，也会影响对味道的感知。就稳定性而言，液滴越小，彼此间就越发紧密（接触面上只有极少的液体，这更能让它们保持静止），整个系统也就更稳定：与只是用叉子搅拌或徒手打发的蛋黄酱（或油醋汁）相比，经过剧烈混合的酱汁更紧实。从感官角度而言，同一份蛋黄酱中还可能发生了出人意料的变化：脂肪颗粒越小，表面积就越大（油的总体积显然是保持不变的）。这意味着，当我们剧烈搅拌蛋黄酱时，油与味觉感受器的接触面积增加了。同时，脂肪以及所有溶解其中的香味分子的味道也被激发了出来。即使是使用相同成分、严格遵照相同比例做出的蛋黄酱，在打发不足（油滴更大，因此水的面积占优）的情况下将呈现出更柔和的口感，油腻感减轻，而水润感增加。在这里，肌理与味道密切相关。我们在烹饪时常常为了保险起见，一味追求蛋黄酱或油醋汁质地的稳定，丝毫不考虑其味道会发生怎样细微的变化。如果你想要突出油醋汁或蛋黄酱中松露油的香气，就需要大力搅拌，使得油滴越小越好。但若想强调摩德纳黑醋（年份久远，价格自然也难以估量）的特有味道，质地就最好更柔和些，以便溶于水中的分子迁移。

泡沫

就物理性质而言，液体泡沫（打发的蛋白、浮沫、奶泡……）与乳浊液十分相似。表面活性剂是一种能吸附在液滴或气泡表面的分子，它的添加有助于分散系的形成；制剂的时间稳定性则有赖于液滴与气泡的细微程度及其大小的一致性。在乳浊液之中，两种不相溶的液体紧密地混合在一起，泡沫则只有一种液体，无味气体分散其中。鉴于气体会稀释制剂中的分子，要想赋予泡沫以味道，就得明智地选择有香味的（浓缩）液体。品尝时，气泡会在口腔中爆裂：其中的部分气体经由鼻后通道上升，有香气的分子也被一同带走。液体制剂中若是含有挥发性分子，那泡沫中的气体肯定是香喷喷的。正因如此，摩尔质量小、易于汽化（前调）的分子十分有利于泡沫（或慕斯）的制作。换句话说，相比于香草或百里香，柠檬（柠檬烯）或罗勒汁是制作泡沫的更优原料，因为前者中的香兰素和百里酚挥发性不强，更适于充当基调。

至于固体泡沫（蛋白脆饼、熟蛋白霜、白吐司……），气态分散相的作用只在于提供内相的气泡，而不会对味道分子可能的分布产生影响。

凝胶

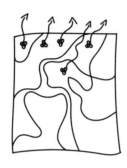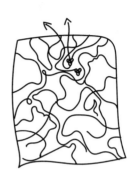

　　液体连同它的香气都被俘获到固态结构之中。要想被嘴巴感知到，它们就得摆脱胶凝物质的长链，迁移到我们的味蕾上来。凝胶越是稳定，其中的长链就越多、越紧密，呈现出的味道也越少。此外，挥发性化合物需要变成气态，同时脱离液体以及凝胶化的分子，才能被鼻腔的感受器俘获。这里涉及众多参数，始终是农产品加工业许多研究项目的核心问题，果酱、酸奶、肉胶等领域都是如此。同时，糖（蔗糖、果糖……）、淀粉（同为长链结构），以及脂肪（在酸奶中以胶束形式出现）也能影响凝胶的黏滞力。

　　依据各自的特性〔亲水性和（或）亲油性、大小（分子链长度）、表面电荷，等等〕，香味分子与其载体的联结有强有弱。氢键是一个分子中的氢原子与另一个分子中的氧、氮、氟等原子之间的相互作用，是这些相互作用的核心。如果氢键不复存在，水沸腾的温度将从 100 ℃ 降至 −80 ℃。这就说明，分子间的相互作用很强，而且能决定物质的宏观性质。琼脂、果胶、卡拉胶、淀粉……众多香味分

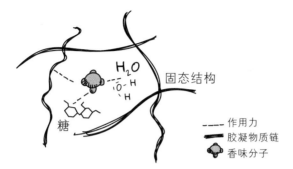

通过数种作用，香味分子可以被保留在结构之中：与溶剂（通常为水）的相互作用、与胶凝物质链（通常为多糖）的相互作用，以及（或）与溶液中的其他分子（淀粉、糖……）的相互作用。要想使具有香味的化合物迁移到感受器上，首先得破坏分子之间的作用力，将它们释放出来

子都包含氢原子与氧原子（-OH、-COOH、-NH$_2$ 等官能团），因此氢键的存在不可避免。我们也知道，在浓度极低的时候，比方说质量浓度为 0.1% 的果胶，其中的胶凝物质能够留住香气，减弱它们在制剂中的流动性。这个结果可以推广至增稠剂的应用：淀粉可使制剂变稠；哪怕剂量极低，黄原胶也能显著放慢扩散作用，削弱口中的感知。反应本身很美，结果却有些不妙……如果你想用琼脂制作意式饺子或细面条，我建议选用味道强烈的浓缩（或低温浓缩）汤汁。由于胶凝物质加热后才会活跃，那些味道能"抵抗"高温的制剂就很适宜凝胶化（最好分子没什么挥发性，属于中调或基调分子），比如肉汁、百里香浓缩液、月桂、香草糖浆、香料（顿加豆、胡椒等）浸泡液，或者有烘烤、焙烤的味道。若想让果冻呈现出清新的青草香，或是海水的味道（香菜、黄瓜），又或是花香（玫瑰汁、橙花汁）、柑橘香（柠檬醛、柠檬烯等），就得避免过度加热，以防这些脆弱的成分变性——鉴于要将果胶与琼脂加热到至少80℃，你可以先在1/3的沸腾制剂中撒入这些胶凝物质，等到温度降至约60℃，再将剩下的2/3倒入。如此一来，形成的凝胶将获得最大程度的香气。最后，所用胶凝物质的剂量必须恰到好处：半凝结状的琼脂可在胶凝物质质量浓度不低于0.12%时得到，而不是常见的1%。这样得到的凝胶入口即化，水润清新。

凝胶的威力

某些化学键被称为弱键，加热便能破坏。比如，将一种脆弱的（半凝结态）凝胶置于舌头上，舌头的温度便足以解开某些胶凝物质链，释放其中的香气。另一些化学键的强度更高（凝结的蛋白质、海藻酸钙凝胶、高浓度琼脂、结兰胶等），在口腔中也能保持紧实：必须长时间咀嚼，才能使凝胶离解，并从结构中释放味道分子（某些软糖就是如此）。

时间的味道

焦糖布丁在喷枪下几秒便可上色，放到壁炉里得要一分钟，在"烧烤"模式的传统炉子中则需要数分钟，最终呈现的味道也各不相同。在炙热的平底锅上，爆米花几秒内就会噼啪爆炸；腌渍则是个耗费数小时的工程，发酵更是得花上数日。对于食物的肌理及味道呈现，时间是一个关键参数。和所有的化学反应一样，关于味道的应也需要能量，而这通常体现为时间与温度的配合。热力学告诉我们，在 300℃ 下，玉米粒几秒便可爆裂；但若是 25℃，则需要近乎无限长的时间。但这种情况只存在于理论中，在实际中永远不会发生。在科学中，我们说热力学（反应的能量、产物的稳定性）与动力学（反应的速度）是相辅相成的。让我们来探究几个反应（腌渍、熟成、发酵等），看看烹饪时是如何控制时间的。

腌渍

腌渍的目的在于使用香料赋予食物味道。月桂、百里香、洋葱、大蒜、胡萝卜片、盐、酒乃至高汤，这些都是最常使用的原料。腌渍基于渗透与扩散原理，腌料中的香味分子进入鱼或者肉类的纤维中。因此，"胡萝卜分子"会"摆脱"胡萝卜纤维的束缚，扩散进水（和酒）中，再进入肉的纤维里。就这么简单？显然不是！这段漫长的迁移过程只能依靠一系列的局部平衡实现：分子的移动是顺着两个相反方向逐步进行的。在大自然的旨意下，浓度总会达到平衡状态（渗透）：如果你在很咸的水中放入一块肉，盐分会进入肉中，以平衡水与肉接触面两侧的盐浓度。如果这无法实现（比如当肉纤维过于紧实的时候），肉中的水分便会析出，从而使得表面过量的盐分溶解。通常情况下，这两种效应会同步进行——在这个例子中，肉一方面变咸了一点儿（因为部分盐的顺利进入），另一方面又稍稍变干（因为水分的析出）。既然失去了部分水，肉也就没那么柔嫩了。用盐时如此，其他各种分子亦然。

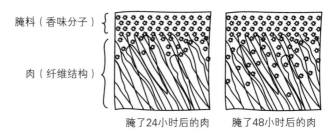

腌料(香味分子)

肉(纤维结构)

腌了24小时后的肉　　腌了48小时后的肉

在腌渍过程中,香味分子会进入肉质之中。它们需要从纤维结构中"开辟"出一条路。这种扩散过程逐步进行,需要很长时间

这种扩散取决于分子和离子中潜在的电荷、其大小与流动性(诸如蛋白质或糖链之类的大分子迁移难度更大),以及温度(搅动分子并加快进程),同时也与肉或鱼的质地有关。相比于紧实且多纤维的肉质,柔软的结构更易于腌渍入味。换言之,胡萝卜分子、月桂分子或是酒中的单宁分子渗透进牛肉的速度是不一样的。因此,时间是第一要素。实验室的测量结果表明,每天扩散的距离最多也就是1~2毫米。千万别被某些食谱骗了,"几分钟腌渍大法"绝无可能——它们不过是在表面调个味罢了!

 最佳腌渍攻略

(1)将香料和蔬菜切成小块,以增大分子交换与扩散的表面积。若想达到更好的效果,最好使用新鲜的胡萝卜汁,而不是生胡萝卜片。

(2)事先将腌料稍稍加热,这有助于香气的扩散,使它们

更易于从香料或蔬菜中"逃离"出来。腌料不应加入太多盐
或香料，因为那样得到的结果可能会与目标背道而驰：
如果浓度差距过于显著，食物会不断失水，味道分子却不能
进入！

（3）小心对待酒精（通常在腌渍红肉时使用）：乙醇能让
肉脱水，甚至能导致蛋白质凝结——蛋白质的局部结构"变
熟"、变硬，味道分子进入肉的难度（进一步）变大。更好的
做法是事先倒上酒精然后快速点燃，使得大部分乙醇挥发
殆尽。

（4）不妨在腌料中加入少许碳酸氢钠（每升腌料大约对
应 1/4 茶匙）：碳酸氢盐能使肉变嫩，并使它局部"破碎"。
一些果汁中含有的酶（菠萝蛋白酶和木瓜蛋白酶）同样可以
破坏肉纤维，因此它们也能有效地使肉变嫩（以及入味）。

在实验室中，我们在真空中进行腌渍以提高扩散速度：通常 24
小时才能腌好的牛肉，在超真空条件下只需几分钟就能从里到外完
全腌入味！

肉的熟成与变质发臭

根据查尔斯·蒙瑟莱（Charles Monselet）的说法，美食记者的
先驱之一让·安泰尔姆·布里亚－萨瓦兰曾是一位"亲切的法官"，
在举行听证会的日子里，他的"口袋里装着等待变质发臭的野味，

其气味让所有同事困扰不已"。与他同时期的作家莫
里斯·德·拉夫耶（Maurice de la Fuye）在《沙锥鸟
之猎》中写过，他通常会在"'忏悔星期二'节日那
天杀死十几只沙锥鸟……一直等到复活节当天享用"，
也就是说，在沙锥死后放置40多天！当雏鸡达到腹
部鲜嫩的"半熟"状态，或者山鹬的肉脱落而下（挂
在喙上），就意味着肉的微腐程度已够，可以下锅或

者上烤架了。**"变质发臭"** 过去被用于处理长羽毛的野味，而时至今
日，随着人们的口味日益清淡，这种方法已经逐渐销声匿迹。其方
法在于，将未取出内脏的禽鸟包裹在薄纱或棉布里，然后在通风处
悬挂数日。两个过程同步发生：肉的熟成，以及肠内物体的细菌发
酵——动物死亡后，肠道细菌继续工作，包括某些具有香味的化合
物在内的分解产物扩散并迁移进肌肉组织。这样的肉近乎腐败，虽
然在格里莫·德·拉黑尼耶①（Grimod de la Reynière）、布里亚－萨
瓦兰或蒙田的时代深受好评，如今却已不再是"流行的味道"。这种
做法也已被兽医组织禁止。

熟成 则是一系列酶促反应的统称，能够在动物死亡后改变其
肉质的感官特性。处理小型家禽、猪以及幼年动物（牛犊、羊犊）
时，熟成几乎无甚用处，但对于大块红肉至关重要。被屠宰后，动
物细胞继续存活并消耗糖原——一种天然存在的糖。作为分解产
物，乳酸在肌肉纤维中的含量逐渐升高，却不能排出。因此，肉质

---

① 拿破仑一世时期的美食家，被视为现代西方美食创始人之一。——译者注

渐渐变酸。这样的酸化会导致如下结果：首先，肌肉纤维紧缩，肌红蛋白变性，后者正是肉色变暗的原因；其次，酶被激活，并开始分解纤维（自溶现象）——随着时间的推移，这种反应会使肉质变嫩，并产生全新的香气。酶主要作用于短纤维，对胶原蛋白几乎全无影响。此外，在酸化条件下，细菌的生长变缓，因此，熟成也是一种保存良方。通常情况下，牛肉的熟成需要 10 到 12 天，白肉则要快得多。如今，我们有了耗时 20 至 60 天的"干式熟成牛肉"。肉被储存在玻璃柜之中，里面的湿度、温度乃至含氧量都保持在完美水平。

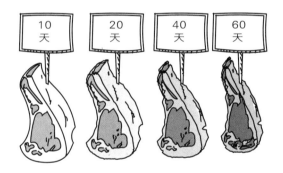

在这个过程中，肉中的水分蒸发，味道因而被浓缩，酶和脂质的浓度也都得以提高——前者使得肉质进一步变嫩，后者则让油脂重新分布，产生大理石花纹，同时改变了质地与香气。氧化后的肉表面变棕，呈现出其他香气。真空包装的肉则与之不同，由于缺乏氧气，颜色变成了绯红色。最后请注意，熟成的关键以及最终质地与味道的决定性因素，都在于细胞质初始糖原的多少。动物若是

在死前承受过压力,就会快速消耗糖储备,糖原便不能转化为乳酸,也就是说,要引发所有必要的酶促机制,单是酸化并不足够:肉始终又老又硬,味道欠佳。因此,日本神户牛肉的"美味秘密"其实未必都藏在啤酒中——相传,神户牛会喝啤酒,还能享受按摩服务,更可能的原因是它们长期享有好福利(确保较高的糖原含量!)。

发酵

奶酪、沙拉、红酒——法国人餐桌上必不可少的"三重奏"。而对于化学家而言,这可是个探讨"发酵三部曲"(乳酸发酵、丁酸发酵与酒精发酵)的完美机会。我们就餐时渴求的特有香味都源于这三种发酵方式——当然,许多其他菜肴也有那些味道。不管是哪种发酵,时间都至关重要。微生物是随时间而增多的,香气是随时间而产生的,食物肌理也是随时间而在微观层面发生变化的。在酸的作用下,一些菌株死亡,另一些则幸存下来,然后酶被激活,其他味道出现。酿酒师、奶酪制造者和可可豆生产者都是当之无愧的生物化学家,他们以令人惊叹的准确度掌控着时间对物质的作用。

酒精发酵。当单糖在酶或酵母的作用下分解为二氧化碳与乙醇时,葡萄汁就变成了葡萄酒。这个反应还生成了许多其他易于挥发的分解产物(酯、乙酸盐等),而它们正是"酒鼻子"形成的关键所在。

"分子侍酒师"

在发酵反应中，分子彼此作用、重新排列，最终形成众多香味分子。比如，正己酸乙酯和辛酸乙酯有花果香气，丁酸乙酯有菠萝的气味，乙酸乙酯有洗甲油的酒精味，乙酸苯乙酯闻起来有玫瑰香，乙酸异戊酯散发出的香蕉味大受欢迎，常常成为新酿造出的博若莱葡萄酒的标志性气味。"分子侍酒师"就诞生于这些分析之中，与食物搭配学类似，它分析并绘制的是酒里的分子图谱。至于接下来大厨或厨艺爱好者想推出何种美食与酒的全新（合理）组合，可就任凭他们发挥了……

在 19 世纪之前，葡萄酒的酿造都是不额外添加酵母的——葡萄汁自然发酵，然而没人知晓个中原理。一直等到 1815 年，路易·约瑟夫·盖伊 – 吕萨克（Louis Joseph Gay-Lussac）的研究才揭开了糖（葡萄糖）分解为乙醇的秘密。到了 1857 年，路易·巴斯德在《发酵活力论》中提出一种观点，称发酵只在活细胞存在的情况下才可能发生。在那之后，人们试图控制酵母的变化，将其加入葡萄汁中，好让发酵过程加速，同时产生新的香味。于是，葡萄酒成为一种货真价实的"生物科技产品"。实际上，许多生物化学原理都在其中发挥了作用。

（1）葡萄的**品种**显然是一切反应的起点。葡萄酒的特有风格，说到底就是它的品种香型（或原始香型）。这构成了所有可能香味的基础。在采摘、收获葡萄的最初阶段，酶促反应与预发酵反应就已经开始。

（2）正如所有化学反应，**温度**是反应速率的决定性因素。温度太低，速率会大幅减慢；温度太高，也就是超过 45 ℃ 时，酵母又会死亡。我们可以根据温度改变酯或醋酸盐的比例，从而改变葡萄酒的香型。比如，在低温下进行关键的澄清步骤，有助于乙酯（花果香气）的生成。

（3）反应过程中产生的**酒精**是一种灭菌剂，浓度过高（也就是体积浓度超过 16%）时，它就会成为微生物眼中毒药般的存在。随着酒精不断生成，发酵反应变慢。对于"温度和酒精"这对组合的变化，酿酒酵母菌极其敏感。

（4）据说，当**酵母**不需要在氧气中生长时，就会成为厌氧微生物。然而，葡萄汁中溶有氧气，哪怕微乎其微，氧气也会参与氧化还原反应，改变生产的香气。

（5）**氮源**自尚未发酵的葡萄汁，是酵母宝贵的能量之源。缺乏氮不仅会带来其他乳酸菌或醋酸菌，还会导致寄生酵母的形成，而后者又会进一步生成味道糟糕的硫化物，散发发酵、腐烂、霉变、金属的气味。要保证发酵反应持续进行，添加磷酸氢二铵是常见的做法。它能显著影响挥发性硫化物的生成，因此也能改变"酒鼻子"。

（6）最后，**时间**当然是诸多反应中至关重要的条件。二次发酵、缓慢分解与氧化还原反应相继发生；酸度、甜度与酒精度不断变化，并在生物化学层面上使微观环境发生改变。反过来，细菌与酵母菌又产生酸、酒精和香气：这些反应互为因果，甚至会进入味道的良性循环——这再好不过！酒瓶，尤其是酒桶的老化（木头与酒发生渗透现象）还会进一步让酒的香型趋于完美。比如，硫化物（硫醇）会在此期间生成：浓度适中的二甲基硫会为红葡萄酒带来果香，高浓度时，则会赋予晚收白葡萄酒松露的香气。一切都取决于时间与剂量！

乳酸发酵。 细菌、霉菌与酵母是奶酪王国的座上宾，也是我们得以享受那么多种奶酪的功臣元老。奶酪的制作步骤繁多，对各种生物化学参数的精准掌控也必不可少：细菌与霉菌（凝乳酶）的接种、温度与湿度的控制，以及时间效应（奶酪的成熟）。

在乳酸菌的作用下，乳糖转变为葡萄糖，再进一步变为乳酸。降低酸度后，乳酸可以使牛奶中的酪蛋白凝结成块状（凝乳），纹理与香气同时产生，并不断变化。在丙酸细菌的作用下，大量二氧化碳生成——这便是格吕耶尔奶酪及其他硬质熟奶酪上那些著名"小洞"的由来。奶酪的特征味道主要源自所含霉菌及其分解产物。卡门贝尔青霉孕育了卡门贝尔干酪，洛克福青霉造就了奥弗涅蓝纹奶酪与洛克福奶酪，毛霉属霉菌则在萨瓦多姆奶酪表面处于支配地位。同样，这里的剂量问题也十分微妙：量太少，味道就不明显；量太多，又会产生多余的味道（酸败、苦涩），外观也可能发生变

化。对萨瓦多姆奶酪"劳苦功高"的毛霉属霉菌，却是某些软奶酪
（比如卡门贝尔奶酪）发生"猫毛事故"的罪魁祸首，因此是这类
奶酪避之不及的。最后，在奶酪成熟之初，表面的酵母有助于其脱
酸，同时改变其味道特征。

一股臭脚丫味！

　　作为用于制作奶酪的一种细菌，在水洗软质奶酪——比
如芒斯特奶酪和马洛瓦尔奶酪——的成分表中，亚麻短杆菌
赫然在列。表皮短杆菌和乳酪短杆菌也是短杆菌属这个大家
庭的成员，它们生活在我们的皮肤表面，在高温、潮湿的环
境中生长得尤为迅速，比如旧运动鞋……因此，"奶酪有一股
臭脚丫味"或者"脚散发着奶酪味"也就情有可原了……细
菌都是表亲，味道很相近！

　　乳酸发酵还应用于许多其他产品（熟食、蔬菜等），造就了它们
的风味，并使它们得以储藏。不妨以卷心菜为例，数千年来，它之
所以可以一放就是几个月，正是乳酸发酵的功劳。发酵泡菜的制备
方法诞生于公元前 3 世纪。大约公元 450 年，这种方法传到了阿尔
萨斯。那时，它还没有像 16 世纪那样被称为"卷心菜堆肥"，也还
没有搭配熟食，变成 19 世纪那道著名的腌酸菜。其他蔬菜或水果
（比如白萝卜、茄子、李子）也被如此制成泡菜，在亚洲广受欢迎。
熟食（干香肠）、橄榄和腌柠檬、酸渍小黄瓜以及天然酵素（一种复

杂的微生物菌群，主要由乳酸菌、酵母与霉菌组成）也都是十分有趣的例子。

丁酸发酵。蔬菜与水果即使洗净，表面也仍留有大量微生物。这就足以引发发酵反应——果蔬中含有果糖，分解为酸、氢气与二氧化碳，进而产生糟糕的气味与味道。做饭时，切勿把切开的水果和蔬菜放在水中，在室温或暖和的情况下更是万万不可。将生菜与苦苣切好后，应该立刻将其沥水并擦干。若是出现了不受欢迎的发酵现象，通常都是丁酸梭菌和产气荚膜梭菌的错。

奶酪与奶制品也容易受到这种发酵的影响。乳酸会分解为丁酸，散发出硬纸板的酸臭味。

微妙的纳豆

将大豆蒸熟，再用纳豆芽孢杆菌接种，便得到了纳豆。日本人对纳豆的态度也很"微妙"，因为它那黏糊糊的多纤维质地，那类似于奶酪、发酵以及氨水的味道，使制备过程变得尤为令人嫌恶。美食首先是文化，纳豆就是最好的证明！

其他发酵。我们提到了 3 种发酵方式，但还有很多其他方式。

- 乙酸发酵，乙醇被氧化为乙酸，正是葡萄酒变成醋的原因。

- 与丙酸细菌活动有关的丙酸发酵，它在奶酪制造业（尤其是埃曼塔奶酪）中也发挥了作用。

- 苹果酸乳酸发酵，又被称为葡萄酒中的二次发酵（在乳酸菌的作用下，苹果酸转化为乳酸，赋予酒柔顺而圆润的口感）。这种发酵降低了酒的酸度，带来酒香，并突出焦味（焙烤味、烘烤味）。

可可豆

变成细腻的巧克力之前，可可豆历经了多次发酵与烘焙。可可豆的发酵意在除去黏糊糊的果肉（包裹住豆子的纤维），防止豆子发芽（便于储存），同时产生香气。这个（或者说这些）发酵反应得以进行，要归功于酵母，它们存在于剖荚取籽者的手上，存在于设备中，也存在于昆虫身上……酒精发酵、乳酸发酵和乙酸发酵依次发生！温度、时间、湿度、空气接触乃至豆子的搅拌程度都是需要把控的参数。如今，创新式的双重发酵已经诞生，比如，百香果与可可豆就可以混合发酵，由此而来的酸度改变了生化参数，创造出全新的香味，得到的巧克力也可以与柑橘类水果及异域水果的味道完美融合。

瓶瓶罐罐

　　自古以来，食物的保存就是人类操心的大事。发酵是最早的保存方法之一，因为室温条件便已足够。在欧洲，公元前 300 年左右，古罗马人发明了盐水腌渍法；在阳光下风干、烟熏，同样是传统的保存方法，在史前阶段就已发轫。这些技术会改变食物的质地与风味，不过众多营养特质得以保留。

　　从中世纪起，人们就开始了从湖里取冰，将其埋在食物之下的做法——如此一来，食物可以保存数月。但直到 19 世纪末，才出现了第一台家用冰箱，第一台家用冰柜（–18 ℃）的问世更是要等到几十年之后。今天，快速冷却装置（–40 ℃）以及液氮（约 –196 ℃）可以实现速冻，以防止产品变质、变味。

　　这是一场低温竞赛。尼古拉·阿佩尔和路易·巴斯德却独辟蹊径，分别于 1795 年和 1865 年推出室温保存技术。这有赖于高温下的（快速）处理——罐头诞生了，成为一项席卷全球的成功。对于挥发性香气而言，封闭性外壳不失为一个好兆头，但所施加的高温会使得（大）部分最不稳定的分子分解。水果和蔬菜新鲜不再。此外，香味的交换得以充分进行：罐头中水果或蔬菜的味道逐渐进入

汁液，汁液又会再渗入植物，最后，所有的味道趋于统一——不妨将其想象为一个历时数月的腌渍过程。如今，这个行业寻求最佳的时间 – 温度搭配，好让每种食品都尽可能保存风味。超高温技术（UHT）以几秒为周期，效果在巴氏消毒法中得到了证明。人们还测试了超高压（低温）技术，其目的是在保持感官特质的前提下杀死微生物。在未来数年里，除了首字母组合"UHT"，我们或许还会在食品上看到"UHP"（超高压）的字样。

冷冻干燥法与新技术

时间静止了。冷冻干燥法或许是保留产品完整风味的终极科技，它由美国国家航空航天局（NASA）研发，为宇航员提供轻巧的健康食品。立即冷冻食物中的水分，然后将之放置于超真空环境中，如此一来，冰冻状态下的水直接变为气态，并在冷凝器阀上冷凝——冷凝器阀是一种冰冷的金属蛇形管，蒸汽会在上面凝结为冰晶。在低温的作用下，食品完全脱水，同时保留结构（从而保留肌理）。

微生物的生存不能离开水。理论上，这些食品的保质期无限长。由于一切过程都在低温下进行，因此几乎所有香味都能保留下来（已经挥发的除外），营养素、维生素、颜色也是同理。在冻干草莓上咬一口，会带来堪比在新鲜草莓上咬 10 口的感受——它失去了90% 的水分，只会给口腔带来过量的香味！它的质地酥脆，红色鲜亮欲滴。

超过临界温度和临界压强，物质就会进入一种被称为"超临界流体"的新状态。在约 31 ℃ 和 71 倍标准大气压下，二氧化碳变成超临界态，并显著地扩散进植物结构中——有效成分与香气以前所未有的速度被快速提取，并得到完美保存。凭借着这种新技术，二氧化碳成为理想溶剂。

品尝的时机

法兰西学术院在 19 世纪曾经提出，美食变成了艺术，意在"让人吃得好"。和 18 世纪不同，烹饪已不仅仅是为了饱腹，其目的还在于获得乐趣、享受与交流。在 19 世纪的欧洲，厨房甚至具有了动态的属性：菜单的概念出现了，一同问世的还有"俄式"或者"法式"服务——一道道菜肴被少量、依次呈现。享用顺序变得无比重要，各种味道被创造出来，提供一种动态的品尝体验。几十年前，日本在怀石料理中探索出一种寻求味道、质地、外观、品尝次序之大和谐的艺术。菜品被排好次序，依序变化。进餐依照周期性顺序，由苦味、酸味、烧烤味、冰味、热味这一系列菜肴组成，品尝过程动静结合，带来多种感官享受。到了 20 世纪，随着现代美食的到来，以及近年所谓"分子料理"的发展，烹饪愈发展现出动态的概念——食客甚至会被要求以特定顺序品尝一道菜肴的配菜，它们的设计和排列所基于的温度 - 质地组合经过了细致的考量。每道菜肴都尽量精简，而减少分量是为了给食客提供更丰富的品类。品尝成为货真价实的"烹饪实验"，食客作为参与者，在感官与时间的宇宙中遨游。

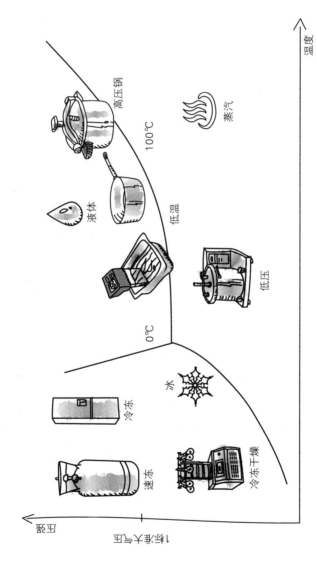

水的"温度－压强"图。探讨（极）低温与低压的情况，可以得出食物形态转变的新技术（低压烹饪法、低温蒸馏法、低温浓缩法、冷冻干燥法）

阿尔伯特·阿德里亚（Albert Adria）① 遵循着"迷"（Enigma，也是他的餐厅名）的理念，让客人在他的餐厅中体验一场身体的旅行——空间、时间、灯光环境和味道融合在一起，宛若全球漫游。

哪怕是在菜肴的制作过程中，时间也至关重要。有的菜必须瞬时做好，并且立刻品尝：泡泡、爆珠、转瞬即逝的泡沫、不能久置的舒芙蕾、即食的果冻……从制作到品尝，厨房里的动力学都是研究核心，只有不断探索它的奥秘，才能得享最佳的质地、最妙的味道，以及至高无上的美食之乐。

---

① 西班牙著名主厨，2013 年被《时代》杂志评为美食界最具影响力的 13 位人物之一。

参考文献

著作

Balzac H. (de), *Traité des excitants modernes*, 1839.

Belitz H. D., Grosch W. et Schieberle P., *Food Chemistry*, New York, Springer-Verlag Berlin Heidelberg, 2009.

Brillat Savarin J. A., *Physiologie du goût*, 1825.

Chartier F., *Papilles et molécules*, Montréal, La Presse, 2009.

Dee R., Hatt H. et Lee C., *La Chimie de l'amour*, Paris, CNRS éditions, 2013.

Escoffier A., *Guide culinaire*, Paris, Flammarion, 1902.

Giraud E., *L'Amer*, Paris, Argol, 2011.

Munier B., *Le Parfum à travers les siècles : des dieux de l'Olympe au cyber-parfum*, Paris, Le Félin, 2003.

Proust B., *Petite géométrie des parfums*, Paris, Points, 2013.

Salesse R., *Faut-il sentir bon pour séduire ?*, Versailles, Quae, 2015.

Sekiguchi R., *Fade*, Paris, Argol, 2016.

Sekiguchi R., *Manger fantôme*, Paris, Argol, 2012.

Sekiguchi R., *L'Astringent*, Paris, Argol, 2012.

文章

Chemat F. et Lucchesi M. E., "Extractions assistées par microondes des huiles essentielles et des extraits aromatiques", J. Soc. *Ouest-Afr. Chim.* 20, 2005.

Frank P., "Warmed-over flavor: a processing challenge", *Refrigerated & Frozen Foods*, 3, 2003.

Hänig D. P., *Zur Psychophysik des Geschmackssinnes*, 1901.

Kato H., Rhue M. R. et Nishimura T., "Role of free aminoacids and peptides in food taste", *American chemical society*, 1989.

Kinnamon S.-C., "Taste receptor signaling from tongues to lungs", *Acta Physiologica*, 2012.

Rodriguez O., Teixeira M. et Rodriguez A., "Prediction of odour detection threshold usinf coefficient partition", J. Wiley éd., *Flavor and Fragrance Journal*, 2011.

Roudot-Algaron F., *Le goût des acides aminés, des peptides et des protéines*, Jouy-en-Josas, *Le Lait*, INRA Éditions, 1996, 76(4), pp. 313–348.

Sevkan R., Velings N. et Jekkovic V., "Approche scientifique de l'univers des odeurs par la caractérisation de molecules odorantes", *Revue Scientifique des ingénieurs industriels* 27, 2013.

Suffet I. H., Schweitzer L. et Khiari D., "Olfactometry and chemical analysis of taste and odor episodes in drinking water supplies", *Environmental Science & Bio/Technology* 00, 2004.

Tims M. et Watts B. M., "The protection of cooked meats with phosphates", *FoodTechn.* 12, 1958.

版 权 声 明

创意食谱

我们特此奉上这些食谱，好让本书涉及的各个方面在口腔中得到直观呈现。
全部原料在线上或线下的商店中均有售。

柑橘油扇贝片
味道的萃取
精油（亲油分子）

油封三文鱼
低温烹饪，需要腌制

烟熏牛肉
烟熏的味道，烧焦的调调

日式高汤
鲜味

焦糖香料淡奶羹
焦糖味、烘焙味、香料味与甜味的组合

意式香柠茶奶冻
口感与味道的游戏

川式鸡肉黄瓜
同时感受冷、热、辛辣与电流的味道

冰薄荷巧克力
冰冰的味道与"凉性"食物

草莓 – 菠萝 – 提木花椒
依托食物搭配学的组合

珍珠牡蛎（荔枝清酒）
味道的封存与食物搭配

柑橘油扇贝片

微波法：新一代味道萃取技术

你需要

- 扇贝（每人 2 到 3 个）
- 任意柑橘类水果：青柠檬（酸橙）、黄柠檬、小柑橘、橙子、西柚
- 菜籽油（葡萄籽油或葵花籽油）
- 盐之花

步骤

- 将柑橘类水果洗净并擦干。
- 使用削皮器或水果刀，除去果皮。
- 每 20 毫升菜籽油对应 1 至 2 个水果（视大小而定）。将果皮与菜籽油
  置于玻璃杯或小沙拉碗中，放进微波炉，以最大功率（约 900 瓦）运
  行 10 秒，重复 4 次，每次结束后充分冷却至室温。必要时，将油过滤
  （以回收果皮），并尽量隔绝空气，装入小瓶之中。
- 上菜前，将扇贝肉切成薄片，装盘或直接盛放于展示托盘中。倒入柑
  橘油，并撒上去掉筋络的果肉、果汁和盐之花。

请注意：由于我们会使用果皮，因此选用有机柑橘类水果十分重要。在
生长全程中，这些水果应杜绝任何特殊处理。

微波作用于极性分子，使它们快速原地打转，从而向周围辐射能量，提高环境温度。由于食物中含有大量水分，微波可以迅速实现加热或解冻功能。因而，一个空空如也的玻璃容器几乎不会变热。在微波的作用下，柑橘类水果的果皮细胞中含有的水分很快变成气态，最终导致细胞爆裂。香气（精油）透过穿孔的细胞膜四散而出，并以油脂的形式溶于油中。油是非极性的，微波不能使它受热。通过这种迅速的方法，香味分子立即被油俘获，既不会散逸在房间里，也不会在热油中变质受损（传统做法是将果皮浸在热油中，使气味得以扩散）。

微波法在行业内得到了越来越广泛的运用，如今已是众多创新之举的核心：想要萃取精油、蒸馏并提取植物中的某些（药用）活性成分，这个方式再高效不过。快把这整套流程带回家，创造特殊的美味吧！

小窍门

不妨尽情尝试更具异域风情的柑橘类水果，比如金橘、香柠檬或枸橼、箭叶橙或佛手柑。每一种都有独特的味道，能为蔬菜沙拉、扇贝（香煎或切片）、柠汁腌金枪鱼，以及烟熏三文鱼薄片调和出新的风味。鉴于这些精油的香气十分不稳定，请在低温状态下使用。

油封三文鱼

低温烹制，尽享恰到好处的口感与味道！

你需要

· 三文鱼块
· 橄榄油
· 百里香、迷迭香、蒜蓉

步骤

· 将三文鱼块表面水分吸干，放入倒有橄榄油的平底锅中。鱼肉需要被油完全浸润。

· 调节平底锅的位置，确保温度恒定。

· 加入百里香、迷迭香与蒜蓉。

· 在理想状况下，将温度计放置在三文鱼块中间。

· 缓慢加热，使中心温度达到 52℃～54℃，视想要的熟度而定。

· 如有必要，在烹饪过程中轻柔搅拌。

· 关火，然后静置大约 5 分钟。

· 用漏勺轻柔地撇去三文鱼表面的油。

· 沥干，随即便可出锅。

· 烹饪结束时，请将油过滤并保存在冰箱中，以便将来在低温烹制鱼的时候使用。原汁原味，完美保存！

鱼肉的主要成分是水、蛋白质和少许油脂。蛋白质会在受热后凝结，并形成一种锁住鱼肉水分的固态结构。蛋白质种类众多（比如白蛋白等），对应的凝结温度各不相同。恰好达到临界温度之时，蛋白质凝结，锁住仍为液态的水分子，肉质便能在熟后保持鲜嫩。若温度过高，蛋白质结构难以维持，逐渐释放结构水（水、无机盐、游离蛋白或过度凝结的蛋白），近乎白色的液体渗出，在鱼肉表面形成小小的颗粒。此外，香气迅速消退，鱼肉美妙的原汁原味也会消失，取而代之的是一种"煮熟了的味道"。当温度超过100℃时，水会蒸发，鱼肉要么变柴（比如鳕鱼、金枪鱼、三文鱼），要么变韧（比如鱼干、龙利鱼和枪乌贼）。而低温烹饪可以将温度维持在理想状态，通过最适宜的恒温确保口感，从而避免上述情况。油是优质的绝热液体（某些散热器里也含有油），能在油封过程中保持温度恒定。低温状态下，油既不会氧化，也不会变质，因而可以使用种种稳定性欠佳的香油（榛子油、芝麻油、核桃油、初榨橄榄油……）。可惜，厨房里不常备温度计！

至于使用何种香料与油，当然是任君选择：橄榄油、百里香、柠檬皮、掺有少许芝麻油以呈现亚洲风味的葵花籽油、掺有少许榛子油的葵花籽油或菜籽油……

同样，料理三文鱼之外的许多其他鱼类时，低温烹饪也可以派上用场，比如鳕鱼、大菱鲆、龙利鱼……

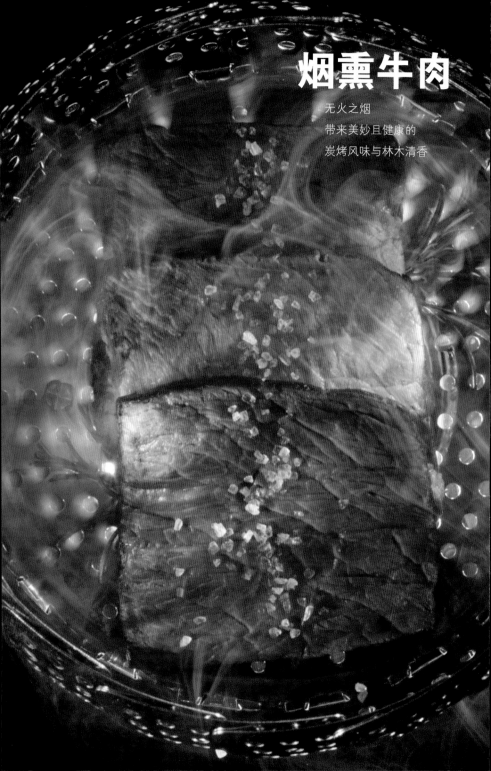

烟熏牛肉

无火之烟
带来美妙且健康的
炭烤风味与林木清香

你需要

- 牛肉
- 樱桃木屑、松木屑或干草
- 迷迭香
- 少许胡椒粒
- 大蒜
- 黄油
- 盐
- 铝箔

步骤

- 从冰箱中取出牛肉，使其恢复到室温。在肉的表面抹上少许黄油、盐及胡椒，进行按摩，并依据个人口味嵌入大蒜。将牛肉放入预热至240℃的烤箱，加热时间视质量而定，500 克肉需大约 15 分钟。

- 在炖锅中放入铝箔及木屑（或者干草）。加入些许胡椒粒，盖上锅盖，明火加热。肉烤熟之后，将它从烤箱中取出，装在炖锅内架设的炉箅子（或铝制蔬菜筐）上，重新盖上锅盖。将肉在烟熏雾绕的炖锅中静置约 15 分钟。最后将肉切片，随即便可上桌。

将烤熟的肉静置片刻，这一步非常重要：肉汁四散而开，温度归于同一，中心部分的烹饪过程也渐渐止息。在缓慢冷却的过程中，肉汁逐渐浓稠（内含水、蛋白质、油脂和无机盐），因而不会在肉被切开的时候到处流动。如此一来，肉质得以保持柔嫩。与此同时，借助带有木香与烘焙香（炭烤风味）的烟雾，我们不妨给肉的外部熏香。木头、迷迭香以及胡椒的香气蒸腾而上，凝结于肉的表面，为它增香添味。无须使用明火：我们需要避免过度加热，以防产生干馏时烧焦的气味，确保最终产物健康无害（没有有毒的苯并芘）。

小窍门

小枝迷迭香或百里香、香茶（比如包含干柠檬皮或干橙皮的圣诞茶）、香料……它们会让下厨的乐趣变得多姿多彩！这个配方同样适用于牛肋骨、羊腿、鸡肉等，炖锅大小合适便可！

日式高汤

向着鲜味进发……

你需要

· 矿泉水 1.5 升
· 鲣鱼干 40 克
· 昆布 25 克

步骤

· 用微湿的布擦拭昆布。在锅中倒入矿泉水，然后将昆布片浸入其中。盖上锅盖，缓慢加热至 60℃～65℃，保持这个温度，加热 45 分钟。

· 捞出昆布，再倒入鲣鱼干，并将温度升至 85℃。当鲣鱼干沉至锅底时，停止加热。

· 用筛子漏斗（或带湿布的滤锅）过滤汤汁，然后放置冷却。

· 日式高汤是日本料理中的汤底，如同法餐中的鸡汤与蔬菜汤。对于众多酱汁、味噌汤甚至玉子烧而言，它都是至关重要的一味原料。如今，许多日本人使用速溶浓汤粉，和我们的浓汤宝颇有几分相似……

日式高汤的烹制宛如茶道，对各阶段的时间与温度有着非常精确的要求。要想让味道恰到好处地呈现出来，就得令浸泡处于最优条件。处理方法虽然传统，但古老的知识未必就不准确：熬煮的最佳温度为 65℃至 85℃，在这个温度之下，（植物或动物）纤维之间的相互作用减弱，被俘获的芳香族分子得以释放出来，同时仍能维持结构，以防释放的分子过多甚至完全散逸。如果你使用沸水来烹制高汤，得到的味道将乏善可陈，香味毫无精妙可言。

小窍门

水的选择相当重要：最好使用钙、镁含量低且酸碱度为中性的矿泉水。实际上，钙元素会使植物结构变硬，从而影响释放出来的味道。酸则会改变口腔中的感知，还能与藻类中的叶绿素发生反应。昆布与鲣鱼干（用于刨花的鱼干棒或鱼干片）也不难买到。

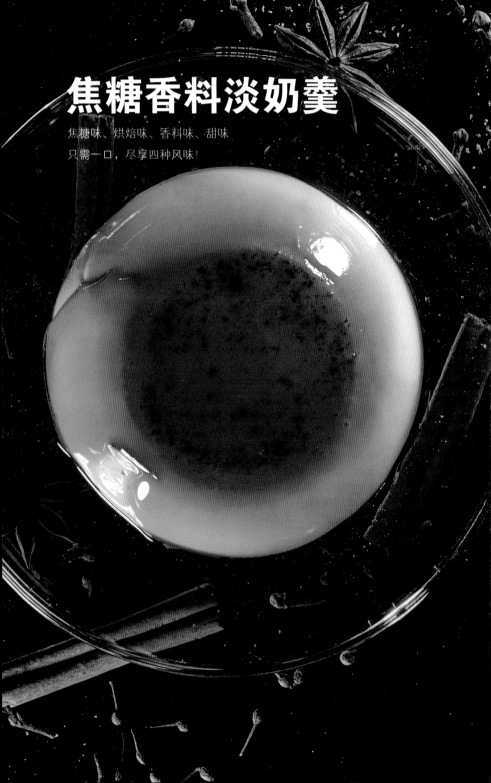

焦糖香料淡奶羹

焦糖味、烘焙味、香料味、甜味

只需一口，尽享四种风味！

你需要

- 鸡蛋 2 个
- 全脂牛奶 50 毫升
- 白糖 50 克
- 粗红糖或黑糖 50 克
- 新鲜生姜 30 克
- 肉桂、生姜粉、肉豆蔻、丁香、八角茴香
- 独立模具 4 个

步骤

- 在一个厚底平底锅中放入 1 茶匙肉桂、1/4 茶匙磨碎的肉豆蔻、1 颗丁香、1/2 片八角茴香与 1 茶匙生姜粉，然后再加入 50 克粗红糖。

- 缓慢加热，直至焦糖呈现出明亮的褐色。

- 立刻将焦糖分置于 4 个独立模具中。

- 在厚底平底锅中倒入 50 毫升全脂牛奶。加入一片新鲜生姜（约 30 克），使牛奶温热而不沸腾。

- 另取一个沙拉碗，加入 2 个鸡蛋和 50 克白糖搅拌。加入温牛奶，（使用筛子漏斗）过滤并倒入模具。

- 在 150℃的温度下隔水炖 40 分钟。

科学聚焦

当温度超过 170℃时，白糖（蔗糖）溶解，并逐渐转变为焦糖。在这样的温度下，香料被烘烤并产生浓烈的味道。所选香料都具有较高的临界温度，因而能将香气留在平底锅中（中调和基调）。生姜在这道菜肴中作用特殊：粉末状和焙烤后的生姜能给焦糖酱汁添加辛辣感，而浸润于牛奶中的新鲜生姜则能为淡奶羹带来柔和的芬芳。

小窍门

可根据口味，酌情添加磨成粉的马达加斯加野胡椒或非洲长椒。当然，你也可以使用天然焦糖、香草味牛奶，以及柑橘类水果（柠檬或橙子）的果皮。

意式香柠茶奶冻

茶，或热或冷
或液态，或微微胶化
是温度和味道的游戏
等待你来探索

你需要

- 牛奶 25 毫升
- 液态奶油 25 毫升
- 白糖 45 克
- 明胶 2 片
- 琼脂 1 克
- 香草荚
- 香柠格雷伯爵茶（其他任意花香浓郁的茶或泡饮也可：茉莉花茶、梨子茶、桃子茶或香料茶……）
- 矿泉水 30 毫升（过滤水也可）

步骤

- 将 2 片明胶浸泡于冰水中。

- 同时，在一个厚底平底锅中加入 25 毫升牛奶、25 毫升液态奶油（加入劈开的香草荚）和 30 克白糖并煮沸，盖上锅盖，转为微火，浸泡 10 分钟。关火后，加入事先拧干水分的明胶，充分混合，然后过滤并倒入独立模具中，置于冰箱内冷藏。

- 另取一个平底锅，倒入 30 毫升矿泉水，并加入 15 克白糖（非必须）与 1 克琼脂，将其煮沸。关火后，将所选茶叶或泡饮浸泡于其中，温度保持在 80℃～85℃，时间视其种类而定。待混合物冷却至 40℃，将它缓慢倒在冰奶冻上，然后放回冰箱，使奶冻成形。

- 在食用前 5～10 分钟取出甜点，可与热茶一同享用，最好与制作奶冻时使用的茶叶用量一致。

从味道上来说，这道甜点会让你领略到人的感知是如何被质地与温度影响的。之所以定量加入明胶与琼脂，是为了形成细腻且无弹性的奶冻。至于添加了香草的牛奶和奶油，则呈现出青草的香气和茶的滋味，在它们的作用下，两种质地（热腾腾的液体和冷冰冰的奶冻）被结合在一起，带来了绵长的口感。低温产生麻痹感，高温则会带来灼烧感，并减弱味道。冷冰冰的奶冻和热腾腾的茶看似味道不同，却由同一种茶、花混合物制作而成。你会发现，奶冻带有单宁的风味，并呈现出了茶（植物）的原味，而热茶更多则是调香茶（香柠味、茉莉味……）飘逸的花香。待奶冻慢慢地融于口中，在舌头和味蕾上回温，发生的将不仅是热量的交换，还是香气的碰撞！

想要单独测试温度对味道的影响，你在两次制备（一冷一热）的过程中取用的茶得一样多。同理，若你想增加一点儿甜味，也得在两个配方里加入同样多的糖。琼脂的用量必须精确，才能让奶冻呈现出半凝结、入口即化的状态。

川式鸡肉黄瓜

这道菜简单易做
却能在口腔中爆发繁复滋味
热辣辣的麻味
开启非凡旅程

你需要

· 黄瓜一根
· 鸡肉一片
· 蒜头半瓣
· 酱油
· 香醋
· 芝麻油
· 豆豉辣椒酱
· 新鲜生姜
· 四川花椒
· 新鲜香菜
· 糖
· 盐

步骤

· 将鸡肉片放入装有冷水的平底锅中，撒上少许盐，加入 1 茶匙四川花椒与一块切成薄片的生姜。煮至沸腾，然后用小火煮 30 分钟。接着，取出肉片，静置片刻，待其冷却。当鸡肉恢复到温热状态后，顺着纤维纹理将其切成细丝。留置待用。

· 将黄瓜洗净，只保留一半瓜皮，其余削去，然后切成细条。如果你没有蔬菜切片机，也可以借助削皮刀。把它们放入沙拉碗，再加入鸡肉。

· 同时，取数十颗花椒，放于研钵中捣碎。加入半瓣蒜头、1 汤匙芝麻油、1 汤匙香醋、3 汤匙酱油、2 汤匙豆豉辣椒酱（视个人嗜辣情况而定）、1 茶匙生姜末、1 茶匙糖和一小撮盐，然后充分混合。

· 在鸡肉与黄瓜上倒入酱汁，然后搅拌均匀，最后加入鲜香菜碎，并立即食用。

这道凉菜应低温食用（所谓的"外部"温度感知）：辣椒酱的威力得以稍稍舒缓，而黄瓜的冰凉感（温度"固有"的味道）得以增强。新鲜香菜同属"凉性食物"，能提升清新的口感，与辣椒对比鲜明。大蒜中的分子顺着鼻后通路上升，刺激三叉神经。鲜生姜末则辛辣与清新兼而有之，二者碰撞凸显风味。一口下去，四川花椒让人像过了电一样发麻。黄瓜肉带来海水与青草的味道，香菜碎与黄瓜皮则呈现出绿叶植物的风情。香醋中的酸平衡了酱油中的糖，并提供一点儿恰到好处的酸味。芝麻油既传递着微妙而持久的烘烤香，又带来油脂温润而绵长的口感。这不只是一道凉菜，它还是一段神奇的旅程。

小窍门

若你有意提前准备凉菜，请将各种原料（黄瓜条、鸡丝、酱料）独立保存，直到食用前再行混合。香菜需留待最后时刻切碎。

冰薄荷巧克力

是的，冰凉是一种味道
在标题里就该占一席之地
让我们用这道甜点证明
除了薄荷，还有其他冰冰凉的东西

你需要

· 黑巧克力 150 克
· 矿泉水 42 毫升
· 琼脂 2 克
· 薄荷利口酒 180 克
· 晶体木糖醇

步骤

· 在 30 毫升矿泉水中加入 1 克琼脂，加热至沸腾。关火后，逐渐加入切成块状的黑巧克力。将其倒入方格（或模具）中，厚度约为 1 厘米。静置冷却后取出。

· 在 12 毫升矿泉水中加入 1 克琼脂，加热至沸腾。加入薄荷利口酒，混合均匀。静置冷却。

· 把温热的薄荷冻浇在已经冷却的巧克力糊（厚度约为 5 厘米）上，然后全部转移到冰箱内，直到完全冷却。

· 使用一把在沸水中预热过的餐刀，将巧克力糊抹开。

· 上桌时，将晶体木糖醇撒在甜点表面。

这道配方的清新感源自三个方法。

1. 巧克力糊乃是加水制成，口感水润清新。而"经典版巧克力糊"的成分是巧克力和奶油，没有这样的口感。

2. 薄荷冻冰得刚刚好，入口即化，其中的挥发性分子很容易便散逸而出。在酒精的助力下，分子更易于挥发进入鼻后通道。

3. 最后，晶体木糖醇在溶化过程中吸收能量：口腔中感受器上的局部温度下降，带来冰凉体验。

尝试这个配方时，可以将薄荷冻替换为黄瓜冻。黄瓜搭配巧克力的口感也着实很不错！把黄瓜仔细洗净并粗略削皮，用离心式榨汁机榨成汁。取 15 毫升黄瓜汁，称取 1 克琼脂。先将一半黄瓜汁加琼脂煮沸，关火后再倒入剩下的一半，随即浇在巧克力上。

当然，这道冰薄荷巧克力也可以做成无酒精版——使用薄荷茶或糖浆便可。不过，冰凉清新的感觉会有所减弱。

草莓 – 菠萝 – 提木花椒

味道的"联姻"，繁复的组合
让人食指大动……

你需要

· 菠萝一个
· 草莓数颗
· 粗红糖 180 克
· 提木花椒
· 矿泉水 40 毫升

步骤

· 在 40 毫升矿泉水中加入 180 克粗红糖，在平底锅中加热煮沸。往沸水中加入 2 茶匙提木花椒，覆上薄膜（或盖上锅盖），煮 5 分钟。

· 与此同时，用蔬菜切片机将菠萝切成薄片，然后把这些薄片浸于煮沸的糖浆中。关火静置，冷却至室温。

· 把菠萝片装盘，加入几颗现切的草莓与现磨的提木花椒。

这道菜基于食物搭配学：菠萝与草莓拥有众多相同的分子，所刺激的味觉感受器也都一样。大脑收到的信号一致，便认为那是和谐的搭配。提木花椒的部分分子也与菠萝、草莓相同，除此之外，它还兼有"电流感"和柑橘类水果的风味，既能提升味道，也能激发触觉感受器。

新鲜草莓可以被替换成草莓冰沙。自制冰沙再简单不过了：将250克草莓、10颗提木花椒与2汤匙糖（可选）放入搅拌机中混合搅拌，然后过筛，倒入冰淇淋机。若没有冰淇淋机，可将混合物放进冰柜，制成格兰尼塔[1]——需要用叉子有规律地搅动，以防形成大块冰晶。糖浆中花椒的含量可依据个人口味增加（最多加入2汤匙）。

---

[1] 即意大利式冰沙，其结晶质地更粗。——译者注

珍珠牡蛎（荔枝清酒）

把味道封进小球，
再借助食物搭配的学问，
汇成口腔中的爆发！

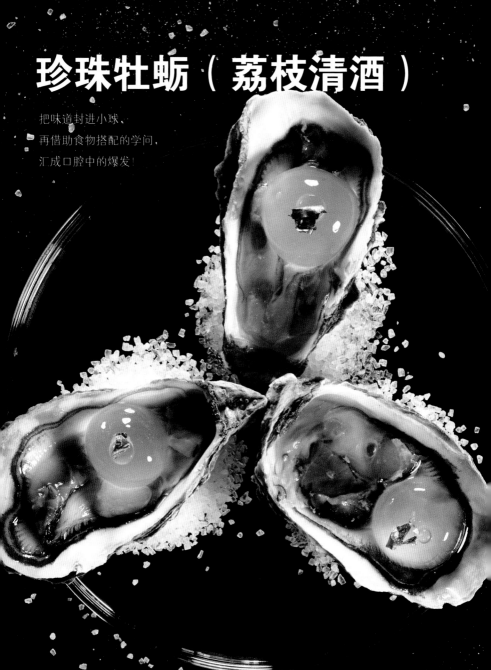

你需要

· 牡蛎
· 荔枝汁 13 毫升
· 清酒 2 毫升（可选）
· 海藻酸钠 1 克
· 乳酸钙 4 克
· 自来水 20 毫升

步骤

· 将 13 毫升荔枝汁加热至变温。撒入 1 克海藻酸钠，搅拌并避免空气进入。如有需要，静置使其充分溶化。然后再加入 2 毫升清酒。

· 制备钙质溶液：将 4 克乳酸钙溶于 20 毫升自来水中。

· 借助移液器（或者吸管），在钙质溶液中滴入 4 滴荔枝汁。小圆球立刻形成。用漏勺收集小圆球，用一碗清水冲洗。你可以用茶匙来制作更大的圆球（让液体凝结的技术需要多加训练）。

· 把小圆球放置在打开的牡蛎上。品尝时，小圆球在口中爆开：其中浸润着牡蛎、荔枝与清酒的三重味道，保证令人惊喜连连！

· 这种球化技术还适用于许多其他液体，只要它们酒精含量低，没有油（油醋汁因此被排除在外），也不含钙（奶、英式蛋奶酱等也相继出局）。不妨想想气泡会在口中爆开的基尔酒，想想巧克力慕斯中加入的薄荷，还有其他奇妙的效果——凡此种种，都是示例！

这道菜肴在口中制造出了双重爆炸般的体验：一重是质地，另一重是味道。

球化是一种凝胶技术，其原理在于，由于钙元素（交联剂）的存在，海藻酸钠（多糖长链）可以彼此连接。当液滴落入钙质溶液中时，会形成一层凝胶薄膜，把液体包裹在中间。迅速嚼破后，圆珠在口腔中破裂并爆开，使得味蕾与舌头被香喷喷的汁液浸润。牡蛎柔嫩（而紧致），加上液体与细腻凝胶的组合——一场口感的大爆发！

在这个配方中，特殊的原料搭配得到了愈发得心应手的演绎，不同味道和谐地融合在了一起（这便是食物搭配学的奥义）。其实，光谱分析显示，荔枝、牡蛎和清酒拥有许多相同的分子。因此，这些分子会刺激相同的感受器，大脑收到的信号也是一致的，形成完美的味道组合！荔枝带来清新的花香，平衡牡蛎中的碘味与油脂味。清酒具有挥发性，升腾进入鼻后通道，同样可以确保花香持久。

1. 圆珠需留待最后时刻制作。这是因为，钙元素会使藻类凝胶化，这个过程不断向内发展，导致圆珠中心也变成凝胶。

2. 在制作这道菜肴时，最好准备一个精密天平。若没有，请记住平平一小茶匙的海藻酸盐差不多为 1 克，正好就是你所需要的量。乳酸钙的称重则无须如此精确：两茶匙（用不着与勺面持平）就足够。

3. 海藻酸难以溶解：为了避免出现凝块，可在海藻粉末中加入少许糖粉。若想获得咸味或者不额外加糖的版本，混合后静置数小时（或在前一夜就预制好），使海藻酸盐拥有充分时间水合。制备好的溶液可在冰箱中保存 3 天。